منشورات الموسوعة العربية الأمريكية
سلسلة العلم للأطفال

الكواكب التسعة

حسن يحيى

Al Kawakib al Tis'ah

Hasan Yahya

ALBA Research & Publication Company-Yahya Family Publidhing House
Jerusalem & Volcano Printers

مطابع القدس

بدعم من الموسوعة العربية الأمريكية ومعهد التراث العربي ومطابع القدس – الولايات المتحدة

Produced by the Arab American Encyclopedia-USA,

sponsored by professor Hasan A. Yahya.

مشروع إحياء التراث العربي – سلسلة العلم للأطفال / 1

Al Kawakib al Tis'ah

Hasan Yahya

ISBN-13: 978-1500839505
ISBN-10: 1500839507

Manufactured in the United States of America

المحتوى Content

بِسۡمِ ٱللَّهِ ٱلرَّحۡمَٰنِ ٱلرَّحِيمِ

تقديم السلسلة

قيل "أعطني طفلا حالما أعطيك حضارة تفخر بها" ولا شك أن أطفال اليوم هم رواد الغد وحضارته وبناته وأعمدته التي تقوم عليها الأوطان .فقد كان أديسون وأينشتاين وابن رشد والغزالي ورابعة العدوية أطفالا لهم أحلام ولهم تاريخ ما زلنا نتمتع بقراءته منذ كنا صغارا حتى شابت ذوائبنا . ونحن نقدم هذا العمل كنا حريصين على زيادة المعرفة لما حولنا والمجرات الشمسية بما فيها الكواكب التسعة التي تحيط بالشمس موضوع طريف يدعو للتفكير وإعمال العقل فيما خلق الله من سموات وأرضين ، ونجوم وأقمار وشموس .

وكما قيل فإن حضارات الأمم تقاس بما أثر عن تلك الأمم من تقدم فكري وعلمي إلى جانب الروحي والفني ، ولا تقوم حضارة دون علم ومعرفة بدأها الإنسان منذ وجوده على الأرض فاكتشف النار والنور واكتشف كيف يعيش وكيف يستمر في الحياة . والعيش على الكرة الأرضية بحد ذاته تحد عظيم لبني الإنسان .

وقد تم تقديم واختيار ونشر هذا الكتاب ضمن مشروع إحياء التراث العربي في المهجر الذي تدعمه مؤسسة الموسوعة العربية الأمريكية ، وكلاهما من تأسيس الأديب

العربي الفلسطيني الخبير التربوي الدكتور حسن يحيى الذي ألف وترجم ونشر مئات الكتب في شتى مجالات التراث العربي في الشعر والأدب القصصي والمعرفي .

وهذا الكتاب يصلح إدراجه في مناهج المرحلة الإبتدائية (ثالث ورابع) للقراءة والمناقشة . ويمكن للمعلمات والمعلمين استخدامها للتفكير والمناقشة ، كما يمكن استخدامها لفريق تمثيلي من الأطفال أنفسهم ، وعمل تصاميم تناسب أسماء الكواكب وترتيب بعدها عن بعضها البعض .

ونسأل الله تعالى أن تلقى هذه السلسلة من الأطفال الصغار وذويهم قبولا حسنا ، إنه سميع مجيب. عليه نتوكل وإليه ننيب.

الدكتور حسن يحيى

مؤسس الموسوعة العربية الأريكية ومشروع إحياء اللغة العربية والتراث العربي في المهجر
ميشيغان – الولايات المتحدة الأمريكية
أغسطس – آب 2014

الكواكب التسعة

1- عطارد : Mercury

عطارد أقرب الكواكب للشمس. يظهر سريعا في سماء صباحه ويختفي سريعا في سماء مسائه.ولايري من الأرض لأنه يظهر لعدة أيام في السنة حيث لايشرق فوق الأفق. ولو سافرت لعطارد مثلا فإن وزنك لن يزيد عن وزنك علي الأرض. ليس هذا سببه مدة الرحلة التي ستقطعها فوق مركبة الفضاء ولكن لأن عطارد حجمه أقل من حجم الأرض .لهذا جاذبيته أقل من جاذبية الأرض . فلو وزنك فوق الأرض 70كيلوجرام ففوق عطارد سيكون 27 كيلوجرام . ولقربه الشديد من الشمس فإن الشخص فوقه سيحترق ليموت .ولأنه يدور حول نفسه ببطء شديد فإنه يصبح بالليل باردا جدا لدرجة التجمد. وبسطحه ندبات

وفوهات براكين ووديان . وعطارد ليس له أقمار تابعة له . وهو قريب جدا من الشمس لهذا جوه المحيط صغير جدا وقد بددته الرياح الشمسية التي تهب عليه وهذا يبين أن ثمة هواء لايوجد فوق هذا الكوكب الصغير . ـ درجة حرارته العليا (465درجة مئوية) والصغري (184-) ـ جوه به غازات الهيدروجين والهليوم .

2- الزهرة Venus:

مكان غير مستحب. به رياح شديدة ومرتفع الحرارة . وتقريبا كوكب الزهرة في مثل حجم الأرض لهذا يطلق عليه أخت الأرض حيث وزننا سيكون تقريبا مثل وزننا علي الأرض . فلو كان وزنك 70 كيلوجرام فسيكون هناك 63كيلوجرام . وتغطيه سحابة كثيفة تخفي سطحه عن الرؤية وتحتفظ بكميات هائلة من حرارة الشمس . ويعتبر كوكب الزهرة أسخن كواكب المجموعة الشمسية . وهذا الكوكب يشبه الأرض في البراكين والزلازل البركانية النشطة و الجبال والوديان. والخلاف الأساسي بينهما أن جوه حار جدا لايسمح للحياة فوقه . كما أنه لايوجد له قمر تابع كما للأرض . - متوسط حرارته 449 درجة مئوية . - جوه به ثاني أكسيد الكربون والنيتروجين .

3- الأرض : Earth

يطلق على الأرض بالإغريقية Geia. وتعنبر الأرض أكبر الكواكب الأرضية الأربعة في المجموعة الشمسبة الداخلية . وهي الكوكب الوحيد الذي يظهر به كسوف الشمس.ولها قمر واحد وفوقها حياة وماء .وتعتبر أرضنا واحة الحياة حتي الآن حيث تعيش وحيدة في الكون المهجور . وحرارة الأرض ومناخها وجوها المحيط وغيرهم قد جعلتنا نعيش فوقها. وللأرض قمر واحد يطلق عليه لونا (Luna) . - متوسط درجة حرارتها 7,2 درجة مئوية . - جوها به أكسجين ونينروجين وآرجون .

4- المريخ :Mars

يطلق عليه الكوكب الأحمر. أقل من الأرض حجما.ولو كان وزنك فوقها 70كيلوجرام يصبح وزنك فوق المريخ 27 كيلوجرام . وتدل الشواهد أن بالمريخ كان يوجد أنهار وقنوات وبحيرات وحتي محيطات مائية . وتسرب مياه المريخ سببه أنها ظلت تتبخر بصفة دائمة . واليوم المياه الموجودة إما مياه متجمدة في قلنسوتي القطبين بكوكب المريخ أو تحت سطح أرضه .وللمريخ قمران هما ديموس وفوبوس . وبه جبال أعلي من جبال الأرض ووديان ممتدة . وبه أكبر بركان في المجموعة الشمسية يطلق عليه أوليمبس مونز . - درجة حرارته العليا 36 درجة مئوية ودرجة حرارته الصغري -123 درجة مئوية . - حوه المحيط به ثاني أكسيد الكربون والنيتروجين والآرجون.

5- المشتري: Jupiter

أكبر الكواكب. فحجمه 1300 مرة حجم الأرض. و له 16 قمر. ويطلق عليه بالإغريقية زيوس ملك الآلهة . ولو كنت فوق المشتري فسيصبح وزنك ثقيلا جدا . فلوكان وزنك فوق الأرض 70 كيلوجرام فسيكون فوق كوكب المشتري 185 كيلوجرام . وعلي سطحه تظهر بقعة حمراء كبيرة وهي عبارة عن عاصفة هوجاء عنيفة تهب منذ 300 سنة وتجتاح منطقة أكبر من مساحة الأرض. ويتميز سطح المريخ بأنه سائل مكونا محيطا سائلا من الماء والهيدروجين. وغلافه المحيط كلما إقترب من الكوكب زادت كثافته حتي يصبح جزءا من سطحه . لهذا لايعتبر للمريخ سطح يمكن طفو قارب فوقه . وللمريخ 28 قمر. ومن أشهرها أوروبا و إيو وجيناميد وطيبة وكاليستوومينس. والمريخ سريع الدوران حول نفسه . لهذا يتتابع ليله مع نهاره كل 10-ساعات. لهذا السبب فإن وسطه ممطوط وليس مستديرا .والكوكب يبدو

قصيرا وسمينا وهذا أشبه بعمل شريحة من الفطير عندما يفردها بسرعة الفطاطري . - متوسط حرارته 153- درجة مئوية . - جوه من الهيدروجين والهيليوم والميثان .

6- زحل : Saturn

يري كوكب زحل من الأرض وحوله حلقات.كبيرة من الثلوج والتراب.والأقمار الصغيرة. ولأن هذا الكوكب أكبر من الأرض فان وزنك لوكان 70 كيلوجلرام فوقها فإنه يصبح 82 كيلوجرام فوق زحل . ومنظر زحل جميل عندما يري من الأرض حيث تزينه حلقاته التي حوله والتي تسع 169800ميل . والكوكب يشبه المريخ ولكنه أصغر منه.

وتحت سحب غازي الميثان والهيليوم تصبح السماء سائلا حتي تصبح محيطا هائلا من السائل الكيماوي . وحول الكوكب 30 قمر يرافقه وهو أكبر عدد حول كوكب من كواكب المجموعة الشمسية . وأشهر هذه الأقمار بان وأطلس وبروميسيس وباندورا وإبيسيس وجانوس وميماس .وحول زحت عدة مئات من الحلقات وليس هو الوحيد حوله هذه الحلقات . فتوجد أيضا حول المشتري واورانوس ونبتون. ـ متوسط درجة حراته – 184 درجة

مئوية . ـ جوه مكون من الهيدروجين والهليوم والميثان.

7- أورانوس : Uranus

كوكب عملاق يتكون من الغاز . حوله حلقات خافتة.لم يكتشف بعد.الوحيد الذي يميل علي جانبه وليس معتدلا . وكلمة أورانوس في الإغريقية معناها ملك السموات أو ملك الآلهة وزوج الأرض حتي خلعه ابنه زحل (ساترن) . ولو سافرنا في صاروخ فإنه يستغرق سنوات للوصول لكوكب زحل . ولأن أورانوس أكبر من الأرض. فلو كان وزنك فوق الأرض 70 كيلوجرام ففوق زحل سيصبح وزنك 82كيلوجرام . ويعتبر كوكب زحل كوكبا شاذا ومختلفا عن بقية كواكب ومعظم أقمار المجموعة الشمسية. لأنه يدور مغزليا علي جانبه . وقد يكون به محيط ماء تحت سحبه. وقلبه كبير وصخري. ولوجود ضغط عليه يرجح وجود تريوليونات من كتل ماس كبيرة . ويشبه زحل الكوكب نبتون . وله 21قمر خمسة منها كبيرة . وأهمها كورديلا وأوفيليا وبيانكا

- . وكريسيدا وبورتيا وبليندا وتيتانيا وغيرها
- . درجة حرارته العليا – 184 درجة مئوية
- . جوه به هيدروجين وهيليوم وميثان

8- نبتون :Neptune

نبتون معناها بالإغريقية إله الماء .ويطلق عليه الكوكب الأزرق . ولو كان وزنك فوق الأرض 70كيلوجرام يصبح فوق نبتون 84 كيلوجرام . ويجتاح نبتون عاصفة هوجاء أشبه بالعاصفة التي تجتاح كوكب المشتري ويطلق علي عاصفة نبتون البقعة المظلمة العظمي . ولايعرف منذ متي نشبت لأنها بعيدة ولاتري من الأرض. وقد إكتشفتها مؤخرا المسابر الفضائية الإستكشافية . وحول نبتون ست حلقات تدور حوله . له أقمار أهمها تريتون الذي تنبعث فوقه حرارة . وحتي الآن أمكن التعرف علي 8 أقمار تابعة له. وأشهرها قمر كاليان وسيكوراكس ويروسبير وستيبوس وغيرها . ويظن العلماء أنه يوجد تحت سحب نبتون محيط من الماء أشبه بمحيط أورانوس . - متوسط حرارته – 223درجة مئوية . - جوه مكون من الهيدروجين والهيليوم والميثان .

9- بلوتو :Pluto

بلوتو أبعد الكواكب من الشمس لدرجة لاتري من فوقه.له قمر شارون وحجمه كحجم بلوتو تقريبا وهو قمره الوحيد . وكلن الرومان يعتقدون أن الإله بلوتو هو إله العالم السفلي . ولو كنت إفتراضا فوق بلوتو ووزنك فوق الأرض 70 كيلوجرام فسيصبح وزنك 4كيلوجرام . وبلوتوحجمه يصغر عن لأحجام سبعة أقمار في المجموعة الشمسية. ومن شدة صغره كثير من علماء الفلك لايعتبرونه من الكواكب بل البعض حاولوا إعتباره مذنبا . وبلوتو الكوكب الوحيد الذي لم تزره مركبة فضائية لبعده . لهذا المعلومات عنه ضبابية وقليلة نسبيا . ولا توجد له صور واضحة المعالم كبقية الكواكب . ولا سبيل أمام العلماء سوي التخمينات حوله وتخيله أو تصويره عن بعد . ـ متوسط درجة حرارته ـ234 درجة مئوية . ـ جوه مكون من الميثان والنيتروجين .

أسئلة اكتشافية

قد يتبادر لأذهاننا عدة أسئلة وهي :

1- هل يوجد كواكب حول النجوم الأخرى كما هو حادث حول نجم الشمس؟ وهل هناك كواكب بها حياة كما علي كوكب الأرض؟. حقيقة ليس علماء الفلك بقادرين علي إكتشاف كواكب خارج مجموعتنا الشمسية . لأن هذا يتطلب إستحداث تلسكوبات عملاقة أكثر قدرة من تلك المتاحة لديهم والتي لاتتوفر حاليا فوق الأرض لإكتشاف هذه الكواكب البعيدة أو القطع بوجود حياة خارجية . لكن العلماء يحدسون بأنه من الناحية النظرية يوجد مليارات الكواكب التي تشبه الأرض في مجرة درب التبانة التي يقع بها كوكبنا . وهذا يتطلب مزيدا من الوقت. واعتمدوا في حدسهم علي

معطيات الكومبيوترحسب المعلومات والحسابات الرياضية التي أظهرت أن بعض نماذج الأنظمة الشمسية النائية داخل مجرتنا التي أكتشفت مؤخرا .. قد تحتوي علي كواكب صغيرة تشبه كوكب الأرض.فلقد إكتشفوا مائة كوكب تدور حول نجوم بعيدة يطلق عليها إكزوبلانيتود. وهي من النوع الذي لايمكن العيش فوقها لضخامتها وإحتوائها علي غازات كما في كوكب المشتري . لكنهم يتوقعون وجود كواكب صغيرة لها نفس صفات الأرض.ويقدرون عددها بمليار كوكب في مجرتنا يمكن ظهور الحياة فوقها ولاسيما بعد إكتشاف نظام شمسي حول نجم (47 أورسي ماجوريس) يشبه النظام الشمسي الذي نعيش فيه.

2-لماذا الكواكب مستديرة الشكل ؟.. لأن الحقل المغناطيسي بها ينبع من مركز قلب الكوكب فيشد كل شيء إليه .

والطريقة الوحيدة لتقترب كتلة الكوكب لمركز الجاذبية بقدر الإمكان هي تكوين شكلا كرويا . هذا في الكتل الكبيرة كالكواكب والنجوم . أما في الأجسام الصغيرة فجاذبيتها قليلة وشدة سحبها للأشياء ضعيفة نسبيا . لهذا السبب لاتكون هذه الأجسام القليلة الحجم كالمذنبات شكلا كرويا أو مستديرا وتصبح أشكالها غير منتظمة .

3-لماذا تدور الكواكب والنجوم ؟. حقيقة الكواكب والنجوم تتكون من تجمعات مكثفة ومنكمشة من سجب هائلة من الغازات والغبار بين النجوم . وهذه المواد في هذه السحب في حركة دائمة حتي السحب نفسها في حركة لتدور فيتجمع جاذبية المجرة . ونتيجة لهذه الحركة تبدو السحابة عندما نراها من نقطة قرب مركزها وهي تسير ببطء. وهذا الدوران يمكن وصفه بأنه عزم زاوي angular momentum وهو

مقياس ثابت لحركة هذه الأجسام الفضائية ولا يتغير . وهذا الثبات في العزم الزاوي يشرح لنا كيف أن الراقصين علي الجليد يدورون بحركةسريعة مغزلية فوقه عندما يضم الراقص ذراعيه ليكونا علي مقربة من محور حركة دوران الجسم وكلما إقترب الذراعان زادت السرعة مع الإحتفاظ بشدة العزم الزاوي . وعندما يبسط الراقص ذراعيه تقل السرعة كنتيجة نهائية للحركة المغزلية . وهذا نجده واضحا في لعبة (دوخيني يالمونة) التي يلعبها الأطفال . وهذا الدوران المغزلي لسحابة داخل مجموعة نجمية يجعلها تتقلص علي ذاتها وتحمل معها جزءا من العزم الزاوي الأصلي . وهذه السحب الدوارة تتبسط مكونة أقراصا تتجمع أجسامها وتتكثف لتكون النجوم والكواكب الدوارة . ، لاشك أن لكل كوكب سنته ويومه . واليوم يحدد مدته الفترة التي يدور فيها الكوكب حول نفسه

. فالأرض تدور حول نفسها مرة كل 24ساعة حتي هذا اليوم . فويمها يعادل 24 ساعة . والسنة لكل كوكب تعادل عدد الأيام التي يدور فيها الكوكب دورة كاملة في مداره حول الشمس . لهذا الأرض سنتها تعادل 365يوما وربع يوم.

4-لماذا مدارت الكواكب حول الشمس منتظمة ؟. ولماذا تقع في نفس المستوي؟ ولماذا تدور في نفس الإتجاه في مدارات تقريبا دائرية ؟ كل هذا سببه قوة جاذبية الشمس وهي القوة السائدة في المجموعة الشمسية .وتعتبرال astronomical unit (AU)هي الوحدة الفلكية التي يقاس بها المسافة بين الكوكب والشمس. والوحدة الفلكية الواحدة(AU1) هي متوسط المسافة بين الأرض والشمس . فبينما كوكب عطارد يبعد عن الشمس 0.39 AU نجد كوكب بلوتو يبعد عنها39 AU . لهذا نجد سنة عطارد

تعادل 88 يوما أرضيا لقربها من الشمس وسنة كوكب بلوتو تعادل248 يوما أرضيا يدوران فيها دورة كاملة حول الشمس . وبينما نجد الأرض تدور في محورها حول نفسها دورة كاملة كل 24ساعة نجد كوكب المشتري يدور حول نفسه في أقل من 10ساعات أرضية بينما كوكب الزهرة يدور حول نفسه مرة كل 243يوما أرضياحيث يدور من الشرق للغرب . وأخيرا ..هذه أسئلة لم يجد العلماء لها تفسيرا قاطعا . لأن "كل في فلك يسبحون."

المريخ بصفة خاصة

المريخ هو الكوكب الرابع في النظام الشمسي، وسمّي بهذا الاسم تيمّناً بإله الحرب الروماني. مساحته تقدّر بربع مساحة الأرض. له قمران، يسمّى الأول فوبوس والثاني ديموس ويمتاز كوكب المريخ بلونه الأحمر بسبب كثرة الحديد فيه. يعتقد العلماء ان كوكب المريخ كان يحتوي على الماء قبل 4 مليارات سنة، والذي يجعل فرضية وجود حياة عليه فرضية عاليةً.

مميزات الكوكب

لطالما جذب كوكب المريخ الناس بلونه الأحمر وألهب الخيال بما يتحلّى به هذا الكوكب من غموض. مقارنة بكوكب الأرض، فللمريخ ربع مساحة سطح الأرض وبكتلة تعادل عُشر كتلة الأرض. هواء

المريخ لا يتمتع بنفس كثافة هواء الأرض إذ يبلغ الضغط الجوي على سطح المريخ 0.75% من معدّل الضغط الجوي على الأرض، لذى، نرى ان المجسّات الآلية التي قامت وكالة الفضاء الأمريكية بإرسالها لكوكب المريخ، تُغلّف بكُرةِ هوائية لإمتصاص الصدمة عند الإرتطام بسطح كوكب المريخ ولا يستعمل الباراشوت للتقليل من سرعة هبوط المجسّات لإنعدام الهواء. يتكون هواء المريخ من 95% أوّل اكسيد الكربون، 3% نيتروجين، 1.6% ارجون، وجزء بسيط من الاكسجين والماء. في العام 2000، توصّل الباحثون لنتائج توحي بوجود حياة على كوكب المريخ بعد معاينة قطع من الشهب المتساقطة على الأرض والتي أتت من كوكب المريخ، واستدلّ الباحثون على هذه الحقيقة بوجود أحافير مجهرية في الشهب المتساقطة. تبقى الفرضية آنفة الذكر مثاراً للجدل دون التوصل إلى نتيجة أكيدة بوجود حياة في الماضي على كوكب المريخ.

طبوغرافية المريخ

طبوغرافية كوكب المريخ مذهلة، ففي حين يتكون الجزء الشمالي من الكوكب من سهول الحمم البركانية، نجد ان الجزء الجنوبي من كوكب المريخ يتمتّع بمرتفعات شاهقة ويبدو على المرتفعات اثار النيازك والشّهب التي ارتطمت على تلك المرتفعات. يغطي سهول كوكب المريخ الغبار والرمل الغني باكسيد الحديد ذو اللون الأحمر، وكان الناس على الأرض يعتقدون ان تلك السهول هي مناطق سكن اهل المريخ، كما كان الإعتقاد السائد ان المناطق المظلمة على سطح الكوكب هي بحار محيطات. تغطّي سفوح الجبال عل الكوكب طبقة من الجليد، ويحتوي جليد سفوح الجبال على الماء وغاز ثاني اكسيد الكربون المتجمّد. تجدر الإشارة أن اعلى قمّة جبلية في النظام الشمسي هي قمّة جبل "اوليمبوس" والتي يصل إرتفاعها إلى 27 كم. أمّا بالنسبة للأخاديد، فيمتاز

الكوكب الأحمر بوجود أكبر أخدود في النظام الشمسي، ويمتد الأخدود "جرح المريخ" إلى مسافة 4000 كم، وبعمق يصل إلى 7 كم.

أقمار المريخ

يدور كل من القمر "فوبوس" والقمر "ديموس" دورانهما حول الكوكب الأحمر، وخلال فترة الدوران، تقوم نفس الجهة من القمر بمقابلة الكوكب الأحمر تماما كدوران القمر لكوكب الأرض تعرّض نفس الجانب للقمر من مقابلة كوكب الأرض. وبما ان القمر فوبوس يقوم بدورانه حول المريخ اسرع من دوران المريخ حول نفسه، فنجد ان قطر دوران القمر فوبوس حول المريخ يتناقص يوماً بعد يوم إلى ان نصل إلى النتيجة الحتمة والداعية بارتطام القمر فوبوس بكوكب المريخ. امّا بالنسبة للقمر ديموس، ولبعده عن الكوكب الأحمر، فنجد ان قطر مدار الكوكب آخذ بالزيادة. تم

غكتشاف أقمار المريخ في العام 1877 على يد "آساف هول" وتمّت تسميتهم بأسمائهم تيمّناً بأبناء الإله اليوناني "آريس".

سطح كوكب

تمّ إرسال ما يقرب من 12 مركبة فضائية للكوكب الأحمر من قِبل الولايات المتحدة، الإتّحاد السوفييتي، أوروبا، واليابان. قرابة ثلثين المركبات الفضائية فشلت في مهمّتها أما على الأرض، او خلال رحلتها او خلال هبوطها على سطح الكوكب الأحمر. من أنجح المحاولات إلى كوكب المريخ تلك التي سمّيت بـ "مارينر"، "برنامج الفيكنج"، "سورفيور"، "باثفيندر"، و "أوديسي". قامت المركبة "سورفيور" بالتقاط صور لسطح الكوكب، الأمر الذي أعطى العلماء تصوراً بوجود ماء، إمّا على السطح او تحت سطح الكوكب بقليل. وبالنسبة للمركبة "أوديسي"، فقد قامت بإرسال معلومات إلى العلماء على الأرض والتي مكّنت العلماء

من الإستنتاج من وجود ماء متجمّد تحت سطح الكوكب في المنطقة الواقعة عند 60 درجة جنوب القطب الجنوبي للكوكب. في العام 2003، قامت وكالة الفضاء الأوروبية بإرسال مركبة مدارية وسيارة تعمل عن طريق التحكم عن بعد، وقامت الأولى بتأكيد المعلومة المتعلقة بوجود ماء جليد وغاز ثاني اكسيد الكربون المتجمد في منطقة القطب الجنوبي لكوكب المريخ. تجدر الإشارة إلى ان أول من توصل إلى تلك المعلمة هي وكالة الفضاء الأمريكية وان المركبة الأوروبية قامت بتأكيد المعلومة، لا غير. باءت محاولات الوكالة الأوروبية بالفشل في محاولة الإتصال بالسيارة المصاحبة للمركبة الفضائية وأعلنت الوكالة رسمياً فقدانها للسيارة الآلية في فبراير من من نفس العام. لحقت وكالة الفضاء الأمريكية الرّكب بإرسالها مركبتين فضائيتين وكان فرق الوقت بين المركبة الأولى والثانية، 3 أسابيع، وتمكن السيارات الآلية الأمريكية من إرسال صور مذهلة

لسطح الكوكب وقامت السيارات بإرسال معلومات إلى العلماء على الأرض تفيد، بل تؤكّد على وجود الماء على سطح الكوكب الأحمر في يوم ما.

كوكب الزهرة بين الشمس والأرض !

حدث غير مسبوق منذ 122 عاما شد إنتباه علماء الفلك في كل العالم وهو مرور كوكب الزهرة في مداره بين الشمس و الأرض. وتمكن الكثيرون في معظم أنحاء العالم من مشاهدته ـ ماعدا في غرب الولايات المتحدة ـ وهو يبدو يتهادى كبقعة سوداء فوق وجه الشمس من اليسار لليمين . وعبور كوكب الزهرة في هذا المجال يتم مرتين كل قرن تقريبا بينهما 8سنوات عندما تصبح الشميس والزهرة والأرض علي خط واحد . وآخر مرتين كانتا عام 1874 و1882 وهذا الإقتران ساعد وقتها علماء الفلك في حساب المسافة بين الأرض والشمس وماحدث يوم الثلاثاء 8 يونيو سيحدث للمرة الثانية عام

2012 .ويعتبر حادثة الثلاثاء سادس مرة في العصر التلسكوبي حيث تمكن العلماء من رؤيته عام 1631و 1639 و1761 و1769و1874و1882. وفي مدينة نيويورك قام متحف التاريخ الطبيعي الأمريكي بوضع تلسكوبات عديدة في الحديقة المركزية مكن آلاف المواطنين من رؤية هذا الحدث التاريخي حيث تقع الشمس بعد طلوعها علي شاشة بيضاء فتمكن المئات من رؤية الزهرة وهي تمر كبقعة سوداء ووزغت غلي البعض نظارات شمسية ترشح ضوء الشمس المتوهجة حتي لاتضر العين وتحجب رؤية الزهرة . وكان علماء الفلك قدأصدروا تحذيرات بعدم التطلع لوجه الشمس مباشرة بالعين المجردة أو التلسكوبات العادية لرؤية هذه الظاهرة مباشرة لأن الشمس بها أشعة تضر بالشبكية كالآشعة دون الحمراء التي تحرق الشبكية الرقيقة عندما تقع عليها ولا نحس بألم ويمكن أن نصاب بالعمي .والأشعة البنفسجية التي تصيب الغين يلبابف ةتسبب الكالراكت

(عتمة العين) . لهذا لايري ضوء الشمس مباشرة يلبنظارات أو التلسكوبات أو كاميرات تصوير التي تجمع أشعة كثيرة أو بالعين المجردة ولكن من خلال تلسكوبات خاصة بها مرشحات لضوء الشمس و شاهدت هذا الحدث التاريخي أفريقيا وأوربا والشرق الأوسط حيث تم العبور بالكامل لمدة 6ساعات و12 دقيقة بينما كان الجزء الشمالي الشرقي من الولايات المتحدة وكندا قد رأي نهاية الحدث. وفي الهند نصبت التلسكوبات الخاصة في مدينة بتاني لرؤية هذه الظاهرة بواسطة المواطنين . وفي جزر كناري وضع تلسكوبان لقياس المسافة بين الشمس والأرض لكن لايتوقع تغييرا ملحوظا . وفي كوبنهاجن أقيم 20 تلسكوبا لتسجيل هذا الحدث. ويعتبر عبور الزهرة حدثا نادرا .لأنه لم يره من قبل أحد الأحياء حاليا. لأن آخر مرة عبر كوكب الزهرة كان عام 1882 . light from the وفي بريطانيا إصطفت الجماهير في طوابير منذ السادسة صباحا بتوقيت جرينتش ليشاهدوا

الحدث من خلال تلسكوبات المرصد الملكي بجنوب شرق لندن. وفي اليابان وتايلاند وهونج كونج الأمطار والغيوم حالت دون رؤية هذه الظاهرة هناك . وفي ماليزيا وباكستان والهند وبعض بلدان الشلاق الأوسط وفي الجزء الشرقي من الولايات المتحدة الأمريكية شاهدت وزعت النظارات الخاصة لمشاهدة اللحظات الأخيرة من هذه الزيارة .وفي بوسطن إصطف 500 شخص ليأخذوا دورهم في المشاهدة من خلال تلسكوب فوق مركز الفيزياء الفلكية بهارفارد. ويغتبر هذا الحدث نادرا لأن الأرض والزهرة لايقعان علي مستو واحد ولكن هذا الحدث ظهر لأم الشمس والزهرة والرض فيه قد أصبحوا علي خط واحد . والزهرة Venus مكان غير مستحب. به رياح شديدة ومرتفع الحرارة . وتقريبا كوكب الزهرة في مثل حجم الأرض لهذا يطلق عليه أخت الأرض الجهنمية لأن درجة حرارتها 460 درجة مئوية حيث وزننا سيكون تقريبا مثل وزننا علي الأرض

. فلو كان وزنك 70 كيلوجرام فسيكون هناك 63كيلوجرام . وتغطيه سحابة كثيفة تخفي سطحه عن الرؤية وتحتفظ بكميات هائلة من حرارة الشمس .

ويعتبر كوكب الزهرة أسخن كواكب المجموعة الشمسية . وهذا الكوكب يشبه الأرض في البراكين والزلازل البركانية النشطة و الجبال والوديان. والخلاف الأساسي بينهما أن جوه حار جدا لايسمح للحياة فوقه . كما أنه لايوجد له قمر تابع كما للأرض .

بلوتو .. الكوكب الغامض

كلمة بلوتو Pluto في أساطير الفلك كان اسما
يطلق علي الإله الذي يذهب اليه البشر وكان
الرومان يعتقدون أنه إله العالم السفلي. لهذا
كان الإغريق يسمونه Hades . ويذكر أنه تم
اكتشاف كوكب بلوتو في عام 1930 خلال
عملية استكشاف للأجرام السماوية. وظل هذا
الكوكب مصدرا للغموض، لدرجة أن
التليسكوب الفضائي العملاق "هابل" لم يتمكن
سوى من رصد تفاصيل قليلة للغاية عن سطحه
الجليدي. فهل فكرت كيف يكون وزنك فوق
بلوتو؟. فبلوتو صغير لهذا سيكون وزنك خفيفا
. فلو كان وزنك 70كجم فوق الأرض فسيكون
وزنك 7كجم فوق الكوكب بلوتو . ويلوتو
أصغر حجما من سبعة أقمار موجودة
بالمجموعة الشمنسية . لهذا كثير من العلماء
لايعتبرونه كوكبا بالمرة . ففي سنة 1999 ،
كانت مجموعة من العلماء قد اعتبرته مذنبا أو

كويكبا . لأن بلوتو يعتير الكوكب الوحيد الذي لم تزره مركبة فضائية من قبل. لذا فالمعلوما ت عنه ضئيلة ومعظمعها حدسيات . والكوكب قطره2390 كم ويبعد عن الشمس5914,18 مليون كم وكتلته 0,03 من كتلة الأرض و سنته (مدة الدوران حول الشمس) تعادل 247,7 سنة (أرضية) سرعة الدوران حول الشمس 4,75 كم/الثانية ويومه (مدة الدوران المحورية) يعادل6,4 يوم (أرضي).و درجة الحرارة: من - 239 إلى - 215 درجة مئوية.و مكونات الغلاف الجوي غاز ا لميثان وغاز النيتروجين ويعتبر غلافه غلافا جويا رقيقا ويعتير بلوتو أكبر مجموعة أجسام منطقة تشبه القرص توجد فيما وراء مداركوكب نبتون يطلق عليها حزام كيبر Kuiper Belt. وهذه المنطفة تتكون من آلاف عوالم جليدية لايتعدي قطر الجسم ألف كم والتي تعتبر مصدر الكويكبات comets والأجسام الفضائية . وبالرغم أن كوكب بلوتو اكتشف عام 1930 إلا أن المعلومات مازلت شحيحة عن هذا الكوكب النائي وظل لليوم الكوكب الوحيد في

المجموعة الشمسية الذي لم تزره أي مركبة فضائية لهذا المعلومات عنه مازالت مطوية عنا . فهو أصغر كوكب في المنظومة الشمسية. و قطره أصغر من قطر قمر الأرض ب 1086 كم، ، وهو أبعد كوكب في المجموعة الشمسية(مع أنه يدخل في مسار مدار نبتون ثم يبتعد من جديد، مما جعل العلماء يعتقدون أنه و قمره مجرد قمرين للكوكب نيبتون. أول رحلة انطلق مسبار نيوهوريزونز New Horizones(أي الأفاق الجديدة) ليكون أول مبعوث يتجه إلي أبعد الكواكب الشمسية . فلم يسبق أن وصلته رسالة من الأرض أو تطأ ه مركبة فضائية. و يعتبر بلوتو ابرد وأصغر وأبعد كوكب بالمجموعة الشمسية. في يناير الماضي انطلقت مركبة الفضاء نيوهوريزونز من قاعدة كيب كارنيفال إلي كوكب بلوتو Pluto لتصله عام 2015. وهو الكوكب التاسع في المجموعة الشمسية وأصغرها حجما وأقصاها مدي. والكوكب يدور حول الشمس مرة كل 247,9سنة أرضية علي مسافة 5880مليون كم . ومدلر هذا الكوكب غير

مركزي (بيضاوي) وغير دائري لدرجة أنه أثناء دورانه حول الشمس يقترب منها في بعض النقاط ويكون أكثر قربا منها ومما كان عليه كوكب نبتون . وبلوتو قطره 2360 كم وهذا تقريبا يعادل ثلثي حجم قمر الأرض . ولعدة سنوات كانت كل المعلومات عن هذا الكوكب من خلال معطيات التلسكوبات العملاقة وتعتبر معلومات قليلة نسبيا . لكن في سنة 1978 اكتشف الفلكيون قمرا كبيرا نسبيا تابعا لكوكب بلوتو ويدور حوله علي مسافة19600 كم . و أطلقواعليه القمر كارن Charon ("KAIR en" ومنذ فترة قصيرة بدا الكلام عن بلوتو وهويته . هل هو حقيقة كوكب أم كويكب ؟ وبما أن بلوتو يختلف تماما عن الكواكب الأخرى . وتستغرق رحلة المسبار 10 سنوات ة عندما يصل لمدار المشتري سيكتسب سرعة زائدة من جاذبيته تعادل 4كم في الثانية ليبعد عن الشمس و ليتجه مباشرة لبلوتوليصل اليه في يوليو 2015 وعليه 7 أجهزة لرسم سطحه وتحديد مكوناته وتكوين جوه هو وقمره . وسيزور المسبار

جسمين من احسام حزام كويبر قطر كل منهما
50كم سطح بلوتو في عام 1988 اكتشف
العلماء أن بلوتو جوه رقيق ومكون اساسا من
النيتروجين وقليل من الميثان وأول أكسيد
الكربرون . وأن ضغطه الجوي أقل من ضغط
أرضنا 100 ألف مرة . ويعتقد أن سطحه
يتجمد معظم سنته عندما يبعد عن الشمس .
وفي سنة 1994 بين تلسكوب هبل الفضاي أن
85 % من سطح الكوكب قلنسوة جليدية و
يظهر تضاربا لونيا بين مساحات فاتحة اللون
يعتقد انها جليد نظيف و مساحات غامقة اللون
من الجليد القذر . و بلوتو يستقبل واحد علي
ألف من الكمية التي تستقبلها الأرض من أشعة
الشمس . لهذا يعتبر كوكبا متجمدا . وكثافته
ضعف كثافة الماء ، لهذا وجد أن به نسبة من
الصخور أكبر مما في الكواكب العملاقة
بالنظام الشمسي الخارجي وربما كان هذا سببه
التفاعلات الكيماوية التي تمت أثناء تكوين
الكوكب تحت برودة الحرارة والضغط
المنخفض بجوه . وكثير من الفلكيين يظنون أن
كوكب بلوتو كان بنمو بسرعة ليكون كوكبا

أكبر بينما كان تأثير جاذبية الكوكب نبتون تقع بالمنطقة التي يدور بلوتو فيها و المعروفة بحزام كويبر مما أوقف تكوين الكواكب هناك. وهذا الحزام عبارة عن حلقة من مواد تدور حول الشمس فيما وراء الكوكب نبتون والتي بها ملايين الأجسام الجليدية والصخرية التي تشبه كوكب بلوتو. وقمره كارن أصله تراكمات مواد خفيفة نتجت من ارتطام بين بلوتو وجسم آخر كبير من حزام كويبر . لهذا كان اهتمام العلماء ببلوتو والأجسام الفضائية بحزام كويبر . لأنهم يمثلون المادة الأولية التي تكون منها النظام الشمسي . وكان اعتراض العلماء علي اعتبار كوكب بلوتو ككوكب أنه صغير و لإرتباطه بحزام كويبر . لأنه قزم جليدي بشكل واضح ومميز عن بقية الكواكب بالمجموعة الشمسية . لكن الكثيرين كانوا يعتبرونه كوكبا لأن له جاذبية و يضم أقمارا ويطلقون عليه كوكب بلوتو لأكثر من 75 سنة وحتي الآن . وهو كوكب مظلم ، و يوحي بأنه كرة جليدية صخرية مع غلاف جوي من الميثان والنتروجين المتجمدين. ومع هذا فهو

أعلى كثافة من الكواكب العمالقة الغازية، مما يرجح أن يكون له لب صخري ضخم مغط بوشاح جليدي يتجمد كلما تحرك بلوتو بعيداً عن الشمس. يبعد بلوتو عن الشمس مسافة 40 وحدة فلكية - الوحدة الفلكية هي المسافة المتوسطة ما بين الأرض والشمس وتساوي 150 مليون كم - ويدور حول ها في مدار لا يشبه المدارات الكوكبية. لأن مداره مختلف المركز . ومساره حول الشمس ممتد الطول على شكل قطع ناقص . و يضم داخله مدار نبتون لمدة عشرين عاماً من زمن دورته البالغة 248 عاماً. ومحيط بلوتو لامركزي لهذا نجده تارة قريبا من الشمس وأقرب إليها من قرب كوكب نبتون Neptune منها كما كان عليه منذ يناير 1979 وحتي فبراير 1999 ولن يرجع لهذا الوضع إلا في سبتمبر عام 2226 . و يدور حول نفسه في فترة تساوي 604 أيام من أيام الأرض وله القمر " كارن " ويعتبر كبيرا بالنسبة الكوكب نفسه ويبدو أنهما يدوران حول بعضهما بوجه واحد كما هو الحال بالنسبة للأرض وقمرها. وبعض الفلكيين

يصنفون بلوتو علي أنه نيزك كبير أو مذنب أو جسم كبير من الأجسام الفضائية في حزام كويبر Kuiper Belt . ويدور في الإتجاه المضاد لدوران معظم الكواكب الأخري . ومداره أطول 15 مرة من مدار نبتون وقد يبدو أنه يقطع مدار نبتون لكن لا يحدث ولن يصطدما أبدا . وبلوتو يشبه كوكب أورانوس في أن مستوي خط استوائه يتعامد مع محيط دورانه بزاوية قائمة . كما أن درجة حرارة سطح بلوتو تتراوح بين- 235 و– 210 أي ما يعادل 38 إلي 63 كالفن . وتكوين بلوتو غير معروف لكن كثافته 2 جم \سم مكعب أي ضعف كثافة الماء . وهذا يدل أنه قد يكون مكونا من 70% صخور و30 % جليد ماء والمناطق الفاتحة علي سطحه تبدو أنها مغطاة بجليد النيتروجين وكميات صغيرة صلبة من ميثان و ايثان وأول أكسيد الكربون . أما المناطق الغامقة فغير معروفة . ولا يعرف إلا القليل عن جوه المحيط, لكن من المحتمل أنه مكون من النيتروجين وبعض الميثان و أول أكسيد الكربون . وفي معظم أوقات سنته

الطويلة يصبح متجمدا . لهذا رحلة الناسا نيوهوريزونز هدفها الوصول لكوكب بلوتو قبل أن يتجمد لأنه سيكون أقرب ما يكون من الشمس عام 2015 القمر كارن يعتبر القمر كارن أكبر قمر لبلوتو حبث يدور في محيطه علي بعد 19640كم من بلوتو وقطره 1212كم . وقد أطلق عليه كارن وهو اسم اسطوري بمعني المعدية للأموات عبر نهر آكرون River Acheron في العالم السفلي . وكارن قد اكتشف عام 1978.. وهو في نصف حجم بلوتو ، وهما يتخذان سلوك "كوكب مزدوج" كالأرض والقمر. وهما قريبان جداً كل من الآخر، لدرجة أن قوة جاذبية كل منهما ترفع نتوءات "مدية جزرية" على الآخر. وهذه النتوءات تعمل عمل الكابحات، فتبطئ الاثنين في دورانهما حول محوريهما، وهما الآن متشابكان كل منهما مواجه الآخر. بلوتو يدور حول محوره مرة في 64 يوم أرضي وشارون يأخذ الزمن نفسه ليكمل دورة حول بلوتو، والملاحظ أن اتجاه دورانهما عكس اتجاه دوران الكواكب الأخرى.

وبلوتو أبعد كواكب المجموعة الشمسية من الشمس وفي مداره يكون تارة علي بعد 30 وحدة فلكية من الشمس وتارة أخري يكون علي بعد 50 وحدة فلكية . والشمس تبدو كنجم ساطع من فوق سطح الكوكب . ولأن جوه رقيق فإنه يتجمد سكحه كلما بعد الكوكب عن الشمس في دورانه حولها . لهذا أرسلت ناسا المركبة الفضائية بلوتو إكسبريس Pluto Express عام 2001 ليدرس العلماء الكوكب قبل أن يتجمد . والضغط الجوي فوق سطح بلوتو يعادل 1\100000 الضغط الجوي للأرض . وقد التقط تلسكوب هبل صورة الكوكب بلوتو وقمره كارن معا عام 1994وكان الكوكب علي بعد 4,4 بليون كم من الأرض وقد شاهد التلسكوب الجسمين كقرصين منفصلين واضحين وهذا ما مكن علماء الفلك من قياس قطريهما مباشرة.فوجدوا قطر بلوتو 2320كم وقطر قمره ا كارون 1270 كم. وبعض الفلكيين يعتبرون بلوتو ليس كوكبا حقيقيا ويصنفوفه جسما صغيرا من بين

الأجسام الثلجية التي تشكل حزام كويبر Kuiper Belt والتي تقع خلف كوكب نبتون و تنتشر في مسافة تعادل 30- 50 مرة المسافة بين الأرض والشمس . و يبعد بلوتو عن الشمس مسافة 40 وحدة فلكية - الوحدة الفلكية هي المسافة المتوسطة ما بين الأرض والشمس وتساوي 150 مليون كم - ويدور بلوتو حول الشمس في 5 ، 248 سنة أرضية ومداره شديد التفلطح أكثر من كل الكواكب الأخرى ولذلك فانه يكون أقرب من نبتون عندما يكون في أقرب نقطة من الشمس في مداره وفي الحقيقة فان بلوتو يعد الكوكب من حيث البعد منذ العام 1969 وحتى شهر مارس 1999 فبلوتو يدور حول نفسه في فترة تساوي 604 أيام من أيام الأرض وله قمر واحد يسمى " كارن " يعتبر كبيرا بالنسبة الكوكب نفسه ويبدو أنهما يدوران حول بعضهما بوجه واحد كما هو الحال بالنسبة للأرض وقمرها . ةمدارات باوتو وقمره تشارون جعلتهما يمران بالتناو ب أمام كل من الآخر كما شوهدا من الأرض ما بين سنتي 1985و 1990مما مكن

الفلكيين من تحديد حجمهما بدقة . فقمر تشارون قطره 1200 كم مما يجعله يقارب حجم كوكب بلوتو في المجموعة الشمسية ولهذا يطلق العلماء عليهما الكوكب المزدوج. وبلونو في دورانه حول الشمس يقطع الدورة في247,7سنة أرضية يقطع خلالها 5,9مليار كم . والمدار غير دائري بل بيضاري وبهذا كان في بعض النقاط يكون أقرب للشمس من قربه لنبتون. ولا توجد فرصة للإرتطام لأنه يتحاشي عبور مدار ا نبتون. يبعد بلوتو عن الشمس مسافة 40 وحدة فلكية ـ الوحدة الفلكية هي المسافة المتوسطة ما بين الأرض والشمس وتساوي 150 مليون كم ـ ويدور بلوتو حول الشمس في 5 ، 248 سنة أرضية لبلوتو مدار لا يشبه المدارات الكوكبية إلى حد بعيد. فمداره مختلف المركز . ومساره حول الشمس ممتد الطول جداً، أو على شكل قطع ناقص . و يضم داخله مدار نبتون لمدة عشرين عاماً زمن دورته البالغة 248 عاماً. وعلى خلاف الكواكب الأخرى التي تقع مداراتها في حدود بضع درجات من مستوى معين فإن مدار بلوتو

يميل بزاوية 17 5 على هذا المستوى. ولهذا
يكون أقرب من نبتون عندما يكون في أقرب
نقطة من الشمس في مداره و بلوتو يعد
الكوكب من حيث البعد منذ العام 1969 وحتى
شهر مارس 1999 فبلوتو يدور حول نفسه في
فترة تساوي 604 أيام من أيام الأرض وله قمر
واحد يسمى " كارون " ويعتبر كبيرا بالنسبة
الكوكب نفسه ويبدو أنهما يدوران حول
بعضهما بوجه واحد كما هو الحال بالنسبة
للأرض وقمرهاوبعض القلكيين يصنفون بلوتو
علي أنه نيزك كبير أو مذتب أو جسم كبير من
الأجسام الفضائية في حزام كويير   Kuiper
Belt . ومحيط بلوتو لامركزي لهذت نجده
تارة قريبا من الشمس وأقرب إليعا من قرب
كوكب نبتون Neptune منها كما كان عليه
منذ يناير 1979 وحتي فبراير 1999 زلن
يرجع لهذا الوضع إلسبتمبر عام 2226ويدور
في الإتجاه المضاد لدوران معظم الكواكب
الأخري . ومداره أطول 15 مرة من مدار
نبتون وقد يبدو أنه يقطع مدار نبتون لكن لا
يحدث ولن يصطدما أبدا . وبلوتو يشبه كوكب

أورانوس في أن مستوي خط استوائه يتعامد مع محيط . دورانه بزاوية قائمة . كما أن درجة حرارة سكح بلوتو تتراوح بين- 235 و– 210 أي ما يعادل 38 إلي 63 كالفن . وتكوين بلوتو غير معروف لكن كثافته 2 جم \سم مكعب أي ضعف كثافة الماء زهذا يدل أنه قد يكون مكونا من 70% صخور و30 % جليد ماء والمناطق الفاتحة علي سطحه تبدو أنها مغطاة من جليد النيتروجين وكميات صغيرة صلبة من نيثان و ايثان وأول أكسيد الكربون . أما المناطق الغامقة فغير معروفة . ولا يعرف إل القليل عن جوه المحيط لكن من المحتمل أنه مكون من النيتروجين وبعض الميثان و أول أكسيد الكربون . وفي معظم أوقات سنته الطويلة يصبح متجمدا . لهذا رحلة الناسا هذفها الوصول لكوكب بلوتو قبل أن يتجمد لأنه سيكون أقرب ما يكون كن الشمس عام 2015 القمر كارن Charon ("KAIR en") يعتبر أكبر قمر لبلوتو حبث يدور في محيطه علي بعد 19640كم من بلوتو وقطره 1212كم . وقد أطلق عليه كارون وهو اسم

اسطوري بمعني المعدية للأموات عبر نهر آكرون River Acheron في العالم السفلي . وكارون قد اكتشف عام 1978. وبلوتو أبعد كواكب المجموعة الشمسية من الشمس وفي مداره يكون تارة علي بعد 30 وحدة فلكية من الشمس وتارة أخري يكون علي بعد 50 وحدة فلكية . والشمس تبدو كنجم ساطع من فوق سطح الكوكب . ولأن جوه رقيق فإنه يتجمد سكحه كلما بعد الكوكب عن الشمس في دورانه حولها . لهذا أرسلت ناسا المركبة الفضائية بلوتو إكسبريس Pluto Express عام 2001 ليدرس العلماء الكوكب قبل أن يتجمد . والضغط الجوي فوق سطح بلوتو يعادل 1\100000 الضغط الجوي للأرض وقد التقط تلسكةب هبل صورة الكوكب بلوتو وقمره كارون معا غام 1994وكان الكوكب علي بعد 4,4 بليون كم من الأرض زقد شاهد التلسكوب الجسمين كقرصين منفصلين واضحين وهذا ما مكن علماء الفلك من قياس قطرايهما مباشرة.فوجدوا قطر بلوتو 2320كم وقطر قمره ا كارون 1270 كم حدثت في عام 2002

تغيرات غير متوقعة على سطح كوكب بلوتو نتيجة وقوع ظاهرة كونية نادرة عندما عبر بلوتو أمام نجمين خافتين خبا ضوئيهما بسبب مرور بلوتو بينهما. وهذا يدل على أن غلاف بلوتو الرقيق أصبح أكثر كثافة في الأربعة عشر عاما الماضية منذ تاريخ أخر مرة تم فيها رصد تلك الظاهرة.ولن يتم تحديد ما الذي يحدث على كوكب بلوتو بالضبط إلا بوصول مركبة "بلوتو-كيوبر إكسبريس" التي سيتم إطلاقها في عام 2006 لتصل إلى بلوتو بعد عشر أعوام. ويتوقع الباحثون أن ينكمش الغلاف الجوي لبلوتو تماما في عام 2015 تقريبا. وأدت الحاجة الوصول إلى الكوكب والقيام بحسابات وقياسات مختلفة قبل أن ينهار الغلاف الجوي إلى جعل مهمة المركبة "بلوتو-كيوبر إكسبريس" أمرا ملحا. وربما تصل المركبة في الوقت المناسب أو تتأخر في الوصول. مسبار "نيو هورايزون" انطلق في رحلة سيقطع خلالها مسافة 4.8 مليارات كيلومترا، باتجاه كوكب بلوتو ليدرس هذا الكوكب الوحيد ضمن المجموعة الشمسية الذي

ما زال مجهولا ولاسيما المنطقة الجليدية منه التي يكتنفها الغموض. وسرعة المسبار تصل إلى نحو 58 ألف كيلومتر في الساعة لتستغرق الرحلة تسع سنوات ونصف للوصول إلى بلوتو والمنطقة الجليدية التي لا تصل إليها أشعة الشمس.لتصوير سطحي الكوكب بلوتو والقمر الكبير الذي يدور في فلكه ثم تحليل طبيعة الجو السائد في بلوتو.و المسباريحمل بقايا رماد عالم الفلك، كلايد تومبوك، أول من اكتشف الكوكب بلوتو عام 1930.ويعتبر بلوتو أبعد كوكب في المجموعة الشمسية وألمع جسم سماوي في منطقة تعرف بحزام كويبر" التي تتكون من آلاف الأجسام الصخرية الجليدية بما في ذلك كويكبات لم تتطور إلى وضع كواكب لأسباب ما زال العلماء يجهلونها حتي الآن.و دراسة هذه الكويكبات يساعد في معرفة كيفية تشكيل الكواكب. وسيستخدم نيو هورايزونز الجاذبية الارضية للمشتري لاكتساب سرعة كبيرة. وسيؤدي ذلك إلى زيادة سرعة المسبار بعيدا عن الشمس بما يقرب من أربعة كلم في الساعة، مما سيسمح له بالوصول إلى الكوكب

التاسع بحلول يوليو عام 2015. ويعتقد البعض أن بلوتو يشكل "كوكبا مزدوجا" مع قمره الوحيد المعروف "تشارون" الذي اكتشف عام 1978. وسوف يقترب نيو هورايزونز من بلوتو وتشارون في نفس اليوم ليقوم برسم خريطة مفصلة لملامح سطح بلوتو وتكوينه ومناخه. ووجد العلماء أن كوكب بلوتو أبرد مما كانوا يعتقدون أو يتصورون وكان يعتقد أن إنخفاض درجة حرارة الكوكب نتيجة التفاعلات بين سطح الكوكب المكون من النيتروجين المتجمد وبين جوه النيتروجيني الرقيق . فكلمابعد عن الشمي تكثف غاز النيتروجين علي سطح الكوكب وتجمد وكلما اقتراب من الشمس تسامي الجليد مكونا غاز النيتروجين .وقمره كارون مختلف لأنه بلا جو لهذا درجة حرارته تعتمد علي تكوينه الجيولوجي وانعكاسية الضوء . وبلوتو يقع علي مسافة أبعد 30 مرة من المسافة بين الشمس والأرض . كما أن درجة حرارته تعتمد علي قربه أو بعده من الشمس في مداره البيضاوي . فبينما الأرض وكوكب الزهرة

يعانيان طبيعيا من تأثير ظاهرة الإحتباس الحراري حيث يمتص سطحاهما طاقة الشمس التي تسخنهما . لكن العكس يحدث فوق كوكب بلوتو . فبدلا من أن تمتص طاقة الشمس وتدفيء الكوكب يتحول جليد النيتروجين فوق سطحه إلي غاز فيبرد.

كواكب فيما وراء الشمس

العلماء مازالوا يفتشون في متاهة الفضاء المترامي عن شموس أخري غير شمسنا . مما يوحي بالتساؤل ،هل هناك حياة ذكية تشاركنا هذا الكون ؟. وهل يوجد أراضين غير أرضنا تصلح للسكني وبها ماء ؟. وهل توجد منظومة شمسية تشبه منظومتنا ؟. هذه الأسئلة والتساؤلات نتناولها في هذا المقال . فحاليا ... .بقدر العلماء من خلال معطيات التلسكوبات العملاقة الأرضية وأجهزة الإستشعار عن بعد الفضائية ، أن هناك نظما شمسية تماثل منظومتنا الشمسية وكواكب تشبه كواكب أرضنا . وهناك كواكب تولد وكواكب تموت .لهذا يتوقع العلماء أن هذا العقد والعقد القادم سيشهدان عصر الكواكب والنجوم فيما وراء منظومتنا الشمسية . فالفلك حاليا يشهد مولد علم المشاهدة الحديث من خلاله سيمكن لعلماء الفلك المعاصرين التعرف علي منظومات

كوكبية خارج الشمس Extrasolar planetary بالفضاء مما سيغير مفاهيمنا المتداولة عن الفلك ويقلص من نظرياته بعد سيول فيوضات معطيات تلسكوب هبل وغيره من الأجهزة الفضائية المتطورة ،عن الكواكب والنجوم والمجرات . ففي أبريل الماضي اعلن علماء فلك إكتشاف ثلاث كواكب جديدة خارج مجموعتنا الشمسية علي مسافة تقع أبعد من الكواكب التي أكتشفت من قبل. في محاولة مضنية للتفتيش عن كواكب في حجم الأرض بعوالم أخري بعيدة عن منظومتنا الشمسية مستخدمين شتي الحيل للوصول إلي التعرف علي هذه الكواكب البعيدة .والإكتشاف الجديد رصد كواكب حول نجم علي بعد 17ألف سنة ضوئية حيث تحتل منطقة مزدحمة في وسط مجرتنا درب التبانة . بينما الكواكب التي سبق رصدها لاتبعد أكثر من 5 آلاف سنة ضوئية . وأبعد هذه الكواكب التي إكتشفت مؤخرا كتلته تعادل كتلة كوكب المشتري مرة ونصف . وتشبهه في أنهما من الكواكب

الغازية . ويدور في محيطه حول شمسه أسرع من دوران أرضنا حول الشمس ثلاث مرات . وكان هذا الإكتشاف بحيلة ضوئية يطلق عليها العدسية الدقيقة للجاذبية gravitational microlensing ، وهي تقنية يستعملها حاليا صائدو الكواكب والتي من خلالها اصبحوا شغوفين للتعرف علي الكواكب ذات الكتل الصغيرة فيما وراء المنظومة الشمسية. فلقد وجد علماء الفلك أن ثمة إرتباطا بين جاذبية الكوكب المكتشف حديثا ونجمه المضيف حيث يعملان معا كالعدسة التي تركز الضوء الوافد من نجوم ابعد عنها بحوالي 24 ألف سنة ضوئية ، مما يحدث تأثيرا توقعه إينشتين . فالصورة الناتجة والمتوقعة للنجم البعيد ، تصبح أكثر سطوعا مما يجعل الملاحظين لها يتعرفون علي الكوكب ، بينما التلسكوبات التقليدية لاتراه. وهذه الصور العدسية يعتبرها صائدو الكواكب من علماء الفلك بصمة عدسية لنجم حوله كوكب د ري .وهذه التقنية الجديدة أصبحت مقياسا مفضلا ، لدي

علماء الفلك . فمن خلالها أمكن التعرف علي اجسام نائية جدا وصغيرة في حجم جرم كالأرض . مما جعل حوالي 120 عالما من عوالم ما وراء الشمس ، قد إكتشفت . ومعظمها لكواكب غازية عملاقة تفوق كوكب المشتري داخل منظومتنا الشمسية . وهذه الخاصية العدسية التحايلية تظل لعدة أيام أو أسابيع . لأن النجم المرصود يتحرك نسبيا مع أرضنا . ولهذا أمكن ملاحظة 1000 نجم خلال العقد الماضي من خلال هذه التقنية . حيث شوهدت كواكب جديدة لمدة ساعات خلال المشاهدة المتوالية التي قد تستغرق لمدة إسبوع . وهذه الفرصة لاتتاح إلا مرة واحدة . لهذا يجمع العلماء معلوماتهم بسرعة . ويتوقع الباحثون في الفضاء فيما وراء الشمس خلال السنوات القادمة ملاحظة كواكب أخري هناك ، باستخدام جيل جديد من التلسكوبات الفضائية لرصدها مباشرة بدلا من التعرف عليها بطرق غير مباشرة . وهذه الطرق قد مكنت العلماء من التعرف علي كواكب

بعيدة جدا عن شموسها (نجومها) أشبه ببعد كوكب نبتون بالنسبة لشمسنا. وكان العلماء يتبعون من قبل أول تقنية ناجحة لإصطياد الكواكب وملاحظتها حول النجوم البعيدة . وهي طريقة دوبللر التي يطلق عليها طريقة التمايل أو التذبذب wobble method . وتتم من خلال ملاحظة التمايل البسيط لنجم عندما يتهادي في محيطه بسبب قوة جذب كوكب يدور حوله. لكن هذه الطريقة تستخدم في ملاحظة النجوم القريبة نسبيا والتي تبعد عنا بحوالي 160 سنة ضوئية. ومن خلالها إكتشفت منذ عدة سنوات الكواكب القريبة من نجومها فقط. و لم يتمكن العلماء من خلالها التعرف علي الكواكب البعيدة في أي منظومة نجمية قريبة . والطريقة الثانية لتي إكتشفت حديثا تتم من خلال التعرف علي ظل الكوكب عندما يمر أمام نجمه المضيف . ويطلق علي هذه الطريقة الطريقة العبورية Transit method. وهذه الطريقة تنطبق علي نسبة قليلة من الكواكب التي مداراتها

قريبة من نجومها البعيدة . وحاليا العلماء
يستخدمون طريقة العدسية الدقيقة للجاذبية
والطريقة العبورية معا للحصول علي صور
الكواكب البعبدة . وكلاهما يعملان بكفاءة
عندما تصوب التلسكوبات لمركز مجرة
التبانة حيث تحتشد النجوم بكثرة . وهذا
التكامل بين الطريقتين سيجعل العلماء
يطورون مهامهم لإرسال قواعد فضائية
لإصطياد الكواكب البعيدة وتصويرها
والتعرف علي أشكالها وحجومها . ولأن
هذه الكواكب من البعد ، لدرجة لن يمكن
للعلماء إكتشاف كوكب من بينها يماثل
كوكب الأرض . وضمن هذه الإكتشلفات
المذهلة تمكن العلماء من اكتشاف النجم
جيمنورم(37) Geminorum 37 الغربي
في مجموعة نجوم برج جيمني علي بعد
56,3 سنة ضوئية . وهو أصفر برتقالي
يشبه شمسنا. ويعتبر العلماء هذا النجم
مؤهلا لوجود كواكب مصاحبة له يمكن
سكناها. وهذا الإكتشاف جعلهم يضعون
قائمة ' يصنفون فيهاالنجوم المكتشفة التي

تصاحبها كواكب تحمل الأكسجين والماء السائل والتي أطلق عليها نظم نجمية صالحة للسكني Systems Habitable Stellar . وقد إستبعدوا في دراساتهم الشموس البعيدة نسبيا ومن بينها نجوم صغيرة جدا أو معمرة جدا, وتدور بسرعة. وهي نجوم متغيرة في سطوعها لدرجة تحدث فوضي مناخية في عالمها القريب منها . وهذا التوجه الفلكي جعل العلماء يفتشون عن نجوم تشبه جيمنوم37 لها خاصية نظامنا الشمسي الذي فيه نجوم قابلة للسكني. وقد تم العثور علي 100 كوكب خارج مجموعتنا الشمسية ضمن مجرتنا .ويتوقع العلماء بلايين من الكواكب تصلح لنمو حياة فوقها أسوة بالأرض ، تدور حول 2350 من النجوم التي تبعد عنا بمائة سنة ضوئية .وهذه التوقعات جعلت علماء الناسا يستعدون لإرسال نلسكوب فضائي عام 2013أطلقوا غليه ، الباحث عن كوكب أرضي ,(Terrestrial Planet Finder (TPF مستخدما الضوء المرئي للبحث عن كواكب

صالحة للسكني. وسوف يصور الكواكب التي تدور حول النجوم الجيران لنا وسيعطبنا معلومات عن أجوائها عن طريق التحليل الطيفي للعناصر بها, كالماء والأكسجين والكربون والميثان. ولو كان العلماء محظوظين ، فقد يشاهدون آثار حياة أو خضرة فوق هذه الكواكب . وسيستمر عمله من سنة 2012- 2015.وسيتبع هذا الباحث الفضائي إرسال 6 تليسكوبات أوربية فضائية ضمن مشروع داروين . والنجم المرشح والمختار لدراسة الحياة المعقدة حوله ، لابد أن يكون لونه ساطعا ولامعا ويكون في منتصف عمره النجمي كشمسنا ، ويحترق بإنصهار عناصر خفيفة لينتج عناصر ثقيلة كالحديد. ولا يكون نجما عجوزا ،قد تقلص أو صغيرا لا يعرف مدي حياته علي مدي مستقبله البعيد . فدراسة النجم جيمينورم 37 المرئي والقابع في الجزء الشمالي الغربي في السماء بمجموعة جيمني سوف يتيح للعلماء دراسته ، ولاسيما وأن عمره تقريبا يناهز 5,5 بليون سنة بينما

عمر شمسنا 4,5 بليون ستة . وكلاهما يعتبران فلكيا في منتصف العمر ولاسيما وأنهما غنيان بالحديد والكالسيوم والصوديوم والماغنيسيوم والتيتانيوم .وهذا ما أظهره التحليل الطيفي لضوئهما الأصفر البرتقالي لكن سطح الشمس جيمينورم 37 أكثر. سخونة . وهذا النجم 1,1كتلة شمسنا وقطره أكبر 1,03 مرة وشدة سطوعه أشد 1.25. ومن خلال شدة الضوء يمكن تحديد مستقبل عمرالنجم الإفتراضي ورؤية النجوم المجاورة والتنبؤ بالفترة التي سيكون خلالها النجم مستقرا علي الحالة التي عليها حاليا . وهذه الخاصية لقرب النجم جمينورم منا جعلت الباحث الفضائي (TPF) في إستطاعته التوصل لتسجيل معلومات كثيرة عنه, عن الكوكب في مجموعته والنفايات الغبارية القرصية التي تتشكل منها الكواكب والمذنبات . ولا سيما وأن شمسنا بها كمية غبار بين كواكبها . لأن كوكب المشتري يقلبها بالفضاء باستمرار ولا سيما في حزام المذنبات حيث ترتطم هذه المذنبات وتولد

غبارا في المنظومة الشمسية . وهذا الغبار النجمي قد لايعوقنا عن رؤية الكواكب النجمية . لهذا نجد أن المهام الرئيسية للباحث الفضائي TPF ،والتلسكوبات الفضائية بمشروع داروين الأوربي إمداد علماء الأحياء والكيمياء الفضائية بمعلومات طيفية حول هذه الكواكب . لأن المهمة الأساسية لها إكتشاف كواكب قريبة صالحة للسكني والحياة أو هل كان بها نوع ما من الحياة أو ما زالت هناك ؟. وعلي صعيد آخر هناك إستعداد لمهمة كيبلر التي ستنفذ إبتداء من أكتوبر عام 2006 داخل محيط الشمس لتحديد الترددات بالكواكب الداخلية بمنطقة كيبلرKepler zone التي تضم آلاف النجوم من بينها 100 ألف نجم تم رصدهم داخل مجرتنا بحثا عن كوكب في فلك نجم بعيد ، بماثل كوكب الأرض من حيث الحرارة والبرودة والماء السائل . ومهمة كيبلر مخطط لها تصوير آلاف النجوم والكواكب العابرة خلال أربع سنوات بواسطة تلسكوب فضائي متقدم. وفي

محاولات لفحص100 نظام كوكبي حول النجوم البعيدة من بينها كواكب عملاقة تشبه المشتري ، إلا أنها بعيدة لايمكن فحصها بدقة ، وكواكب صخرية صغيرة تشبه الأرض يصعب رؤيتها.لكن لايعرف من بينها الكواكب المؤهلة للعيش والسكني بها . و نصف هذا العدد. وقد إستطاع العلماء دراسة تسعة من هذه النظم المعروفة التي يضم نصف عددها ، بها أراضين تشبه أرضنا تدور في أفلاكها حول نجومها منذ بليون سنة . وهذه حقبة كافية لظهور حياة واستقرارها فوق هذه الكواكب السيارة. كما أن الأقمار التي في حجم الأرض و تدور قي فلك كوكب عملاق ، يمكن أن تظهر فوقها حياة . وكما نعرف عادة ، لا تظهر الحياة فوق كواكب. لكن الكوكب الشهير Hd, الذي يطلق عليه أوزوريس ، قد أذهل الفلكيين عندما وجدوا أن جوه يحتوي علي الأكسجين والكربون في غلافه البيضاوي الممتد, والذي يتبخر لغاز . ويعتبر النجم فيجا Vega خامس نجم سطوعا بالسماء,

ومن أكثر النجوم رؤية و وضوحا في سماء نصف الكرة الأرضية الشمالي علي بعد 25سنة ضوئية من شمسنا. وقطره ثلاث مرات . وأكثر 58 مرة سطوعا . وكان أول نجم قد صور في منتصف يناير عام1850 بمرصد هارفارد. وكان الفلكيون الكنديون قد استطاعوا التعرف علي شواهد وجود حقل مغناطيسي فوق كوكب عملاق خارج المجموعة الشمسية .مما أعطي معلومات حول الكوكب العملاق . وهو غير كوكب المشتري بمنظومتنا الشمسية الذي يشتعل بالإنصهار النووي . لكن هذا الكوكب المكتشف يسخن نجمه الذي يتبعه من خلال التفاعلات المغناطيسية الداخلية magnetic interactions بينه وبين نجمه .وكتلة هذا الكوكب تعادل 270 مرة كتلة الأرض . ومداره قريب جدا من نجمه ويدور حوله بسرعة فائقة . لدرجة أن سنته تعادل ثلاثة أيام أرضية . وتلعب الحقول المغناطيسية دورا رئيسيا في الجو المحيط والحياة . فبينما نجد أن كوكب المريخ قد فقد حقل

مغناطيسيته عبر تاريخ وجوده . مما غير من فصوله السنوية ومداره المائل وأفقده بيئته وماءه السائل.

ومن خلال هذه المعطيات الحديثة التي تعتبر نسبيا صورا قديمة موغلة في الماضي السحيق ولاتعبر بالمرة عن الحاضر أو الماضي القديم منذ ملايين السنين . مما يجعل العلماء يرون هذه الأجرام في الماضي ولايعرفون ما هي عليه في الحاضر . فمن هذا المفهوم المؤكد نجد أن هذه الأجرام حاليا غير معروف ما آلت إليه لكن الصور الفضائية للعوالم الأخري تعكس ما كانت عليه المجموغة الشمسية في مطلع وجودها منذ ملايين السنين . فما نراه اليوم في الفضاء البعيد هو الرحوع للماضي, أشبه بإرتجاع صور شريط الفدبو .فكلما توغلنا في أعماق الكون كلما رجعنا بآلة الزمن للوراء .فالعلماء يرون ماضي الكون.

ورؤية الأجرام القريبة هو رؤية صورة الأحدث.لهذا العلماء يطالعون كتاب ماضي الكون وليس حاضره .لأنهم يرون صورا قطعت ملايين السنين وبلاين الأميال, لتصل لأعين تلسكوباتنا وأجهزتنا التحسسية والبصرية .فما يقال بعلم الفلك الحديث هو تفسير للفلك القديم ولا يعبر عن الكون في هيئته المعاصرة . فحاضر الكون سنراه بعد ملايين السنين كماضي مستقبلي حيث تموت أجرام وتتشكل مجرات وتولد نجوم جديدة للحفاظ علي عدد سكان الفضاء . فالصور القريبة بالفضاء نفسر الصور البعيدة .فعندما يقال إكتشاف كواكب جديدة تشبه الأرض والبحث عن حياة فوقها ؟ . هذا التوجه العلمي لايمكن من خلاله الوصول إلي الواقع السائد حاليا هناك . لأن رؤيتنا لهذه الكواكب تماثل رؤيتنا لأرضنا في طفولتها حيث لم تكن توجد حياة . وسيظل التفتيش عن أحياء هناك ضرب من المستحيلات إلا لو رأيناها عن كثب من فوق كوكب خارجي بعيد . لهذا لن نعثر علي أحياء شركاء لنا

في هذه المتاهة الفضائية . فنحن نفتش في ماضي الكون من منظور علمي حديث . فالتلسكو با ات حتى أعيننا تعتبر آلة الزمن الكوني . لأن عندما نري القمر نراه في صورة أحدث زمنا من صورة الشمس, وصورة الشمس تعتبر أحدث من صور النجوم .وهذه الرؤي الزمنية يتحكم فيها سرعة الضوء والمسافة التي يقطعها . فنحن نري الماضي بالسماء ونعيش الحاضر تحت أقدامنا .ونحن في حاضرنا فوق الأرض مستقبل ما سيراه الغير من الفضاء فيما وراءنا . فنحن نعيش الثلاثة أزمان في وقت واحد. وهذه تعتبر نظرية يمكن أن نطلق عليها نظرية التزامن الموحد للزمن The Unified synchronzing of time. لأن الزمن نسبي في الكون من حيث المكان وبعده والثابت فيه سرعة الضوء . لهذا يعتبر الزمن خطي يبدأ بالماضي وبعده الحاضر وبعده المستقبل. فخط الزمن يضم هذه الأزمان الثلاثة . و يتحكم في رؤيتنا لأعمار الكون والفضاء .وهو خط حتمي

.ولا ينتهي إلا بنهاية الكون ولا يتغير طوله إلا بتغير سرعة الضوء. لكن إتجاه الزمن نسبي يعتمد علي موقعنا في الكون. ويمكن أن نطلق عليه Radial time وطوله نسبي ، يعتمد علي بعدك من الآخر. وهذا المفهوم هو الحقيقة المؤكدة ، ويعتبر أحد الحقائق الفلكية الثابتة. والإتجاهات الأصلية الأربعة نسبية لكل كوكب . فلكل من هذه الكواكب المكتشفة حديثا جهاتها الأصلية الأربعة, وهي أتجاهات لا تنطبق علي جهات الأرض من حيث الإتجاه . لأن اتجاهاتها شمال وجنوب تنطبق مع حقل مغناطيسياتها .فلا اتجاه القطبين الشمالي والجنوبي فوق ارضنا تنطبق مع إتجاه قطبي كوكب حول نجم آخر..لهذا حقل مغناطيسية كل كوكب ليس متوازيا مع حقل مغناطيسية الأرض. ولكل كوكب قطبيه المغناطبسببن شمال وجنوب. وشرقه وغربه نسبي حسب إتجاه نجمه التابع له عندما يشرق عليه أويغرب عنه . فالإتجاهات الأصلية لكل كوكب بما فيها كواكبنا التسعة متغيرة في المكان

ومتغيرة ليلها ونهارها حسب حجم وسرعة الكوكب في فلكه وزمن إطلالة نجمه فوقه . كما أن سنته متغيرة حسب سرعة دورانه حول نجمه الأم وبعده عنه . فسنين الكواكب متغيرة الأزمان والفصول . واخيرا ..العلماء ينبشون قبور ماضي الكون ولايرون حاضره المغيب عن تلسكوباتهم . لكنهم يعيدون كتابة وصياغة تاريخ ماضي الكون من خلال تطور وتعاظم رؤيتهم له.

مطبوعات الموسوعة العربية الأمريكية

ضمن مشروع معهد إحياء التراث العربي في المهجر
ودار الكاتب العربي للنشر في المهجر

Arab American Encyclopedia-USA
And Hasan Yahya Publications

الدكتور حسن عبدالقادر يحيى

نبذة عن الدكتور يحيى

ولد الدكتور حسن عبدالقادر يحيى في مجدل يابا من أعمال يافا – فلسطين عام 1944. تلقى علومه الابتدائية في مدرسة بديا الأميرية في الضفة الغربية أيام احتوائها ضمن المملكة الأدردنية الهاشمية وتخرج في جامعة بيروت حاملاً الإجازة في اللغة العربية وآدابها، ودبلوم التأهيل التربوي من كلية القديس يوسف بلبنان، ودبلوم الدراسات العليا (الماجستير) ودكتوراة في الإدارة التربوية من جامعة ولاية ميشيغان بالولايات المتحدة عام 1988، وشهادة الدكتوراه في علم الاجتماع المقارن من الجامعة نفسها عام 1991. عمل في التدريس والصحافة الأدبية. أديب وشاعر وقاص ، منصرف إلى الكتابة في علوم كثيرة تخص علمي النفس والاجتماع والتنمية البشرية ، ألف ونشر العديد من المقالات (1000 +) والكتب باللغتين العربية والإنجليزية (أكثر من 300 كتابا) ، منها ست مجموعات قصصية وست كتب للأطفال ، وأربع دواوين شعرية باللغتين أيضا. وعدد من كتب التراث في الشعر والأدب والأخلاق الإسلامية والتربية والأديان . وهو الآن أستاذ متقاعد في جامعة ولاية ميشيغان. . وكان عضوا سابقا في جمعية العلماء المسلمين في أمريكا . وهو مؤسس الموسوعة العربية الأمريكية في الولايات المتحدة ضمن مشروع إحياء التراث العربي في بلاد المهجرز كما تم ترشيحه مؤخرا ليكون عضو مجلس التحرير لمجلة الدراسات الإنسانية العالمية.

HASAN YAHYA was born at a small village called Majdal-YaFa (Majdal Sadiq) in Mandate Palestine (1944). He migrated as a refugee to Mes-ha, a village east of Kufr Qasim, west of Nablus (in the West Bank), then moved with his family to Zarka, 25 km north of Amman –

Jordan. He finished the high school at Zarka Secondary School, 1963. He was appointed as a teacher in the same year. Studied Law first at Damascus University, then Lebanon University. He moved to Kuwait. Where he got married in 1967. He was working at Kuwait Television, taught at bilingual School, and Kuwait University. In 1982, Hasan left to the United States to continue his education at Michigan State University. He got the Master Degree in 1983, the Ph.D degree in 1988 in Education (Psychology of Administration). In 1991, He obtained his post degree in research, the result was a second Ph.D degree in Social Psychology. He was the only Arab student who enrolled ever to pursue two simultaneous Ph.D programs from Michigan State University .

Professor Yahya employment history began as a supervisor of a joint project to rehabilitate Youth (inmates out of prison) by Michigan State University and Intermediate School Districts. Worked also as a Teacher Assistant and lecturer in the same university. He was offered a position at Lansing Community College as well as Jackson Community College where he was assistant professor, then associate professor, then full professor (1991-2006). He taught Sociology, psychology, education, criminology and research methods. He supervised 19 Master and Ph.D candidates on various personal, economic psychological and social development topics. Professor Yahya published Hundreds of articles and research reports in local, regional, and international journals. His interest covers local, regional and global conflicts. He also authored, translated, edited and published over 200 books in several languages, in almost all fields especial education, sociology and psychology. He also, was a visiting professor at Eastern Michigan University to give Conflict Management courses. Prof. Yahya accepted an offer to join Zayed University Faculty Team in 1998, then he served as the Head of Education and Psychology Department at Ajman University of Science and Technology 2001-04.

Dr. Yahya established several institutes in Diaspora, the Arab American Encyclopedia, Ihyaa al Turath al Arabi Project, (Revival of Arab Heritage in Diaspora. Recently he was nominated for honorary committee member for the Union of Arab and Muslim Writers in America, and accepted to be a board member in International Journal of Humanities Studies. He was affiliated with sociological associations and was a member of the Association of Muslim Social Scientists (AMSS) at USA. Social Activities and Community Participation: Dr. Yahya was a national figure on Diversity and Islamic Issues in the United States, with special attention to Race Relations and Psychology of Assimilation. He was invited as a public speaker to many TV shows and interviews in many countries. His philosophy includes enhancing knowledge to appreciate the others, and to compromise with others in order to live peacefully with others. This philosophy was the backgrounds of his theory, called " Theory C. of Conflict Management". And developed later to a Science of Cultural Normalization under the title: "Crescentology. The results of such theory will lead to world peace depends on a global Knowledge, Understanding, appreciation, and Compromising (KUAC)" (Revised Feb. 2014)

CV. in Brief

Hasan Yahya is thee Chief Editor of the International Humanities Studies Journal-IHS. He is an Arab-Palestinian-American theorist, sociologist, philosopher, writer and historian. He's a former professor of Comparative Sociology and Educational Administration at Michigan State University, Lansing Community and Jackson Community Colleges. He is the Board Editing member at International Humanities Studies (IHS) Journal (Jerusalem-Spain) and several other USA, journals. Dr. Yahya is the originator of Arab American Encyclopedia and Ihyaa al Turath al Arabi fil Mahjar-USA. His (300 plus) publication may be observed on Amazon and Kindle. To reach the writer: Email: askdryahya@yahoo.com

Dr. Yahya Credentials: Ph.D in Comparative Socioloy 1991, Michigan State University. Ph.D in Educational Administration, Michigan State Univ.(1988). M.A Psychology of Schools Conflict Management, Michigan State Univ. 1983. Diploma M.A, Oriental Studies, St. Joseph Univ. Beirut, Lebanon. (1982) B.A Modern and Classical Arab Literature, (1976). Life Achievements: Publishing 260 plus Books and 1000 plus articles.

تقرير إخباري

كشف حساب للمثقفين العرب شبابا وشابات عن مثقف عربي فلسطيني أمريكي في المهجر

لانسنغ: ميشيغان فبراير 20، 2014

نشرت إدارة الموسوعة العربية الأمريكية التي تتعهد مشروع إحياء التراث العربي في المهجر هذا التقرير الإخباري (الثقافي الأدبي والشعري والتراثي) الذي يفتخر بتقديمه أديب عربي فلسطيني أمريكي ، يدعو فيه القراء والقارئات العرب للإطلاع على ما حققه وألفه وأعده وترجمه ونشره لنفسه وللأدباء العرب قديما وحديثا من كتب خلال الخمس سنوات الماضية باللغتين العربية والأنجليزية ويمكن التأكد من هذا التقرير خلال التثبت من القائمة على موقع أمازون وكندل ، والجدير بالذكر أن الدكتور حسن يحيى (Hasan Yahya) ، متقاعد أويمكن القول أنه شبه مقعد ، حيث يعيش بكبد غيره ، بعد أن من الله عليه بالشفاء بعد نقل الكبد الجديد ، ويعتبر الأديب العربي الفلسطيني نموذجا للشباب العربي في بلاد المهاجر - بلاد الحرية والفكر والسحر ، وهو ممن يؤمنون بالعربية لغة مقدسة ، والتراث العربي تراثا عالميا يستحق الفهم والنشر ، وممن يقومون بإحياء التراث العربي بهذه اللغة ، لخدمة أبنائنا من الجيلين الثاني والثالث في بلاد الاغتراب . وقد تم ادراج بعض الكتب في مقررات دراسية في المدارس العربية والإسلامية في البلاد الأجنبية . كما تم الحصول عليها عن طريق أسواق أمازون حول العالم (أوروبا بريطانيا وأستراليا والأمريكتين وآسيا عدا بلاد الصين وأفريقيا والدول العربية وروسيا) ، والجدير بالذكر أن الدكتور يحيى يقوم بدعم الشباب والشابات

العرب في عملية تبني نشر أعمالهم مجانا وعلى حسابه الخاص ضمن مشروعه الرائد لخدمة الأدباء الشباب: (أنشر كتابك مجانا .....) وقد تم نشر العديد من هذه الكتب المبينة في القائمة أدناه .

وهذه الكتب مفصلة حسب المجالات الأدبية والتربوية والأدبية والشعرية والدينية والفلسفية وسلاسل شعراء وشاعرات العرب وكتب التراث العربي المجيد من مؤلفات الأدباء العرب القدامى والمعاصرين .

ويسر الموسوعة العربية التي أسسها الدكتور العبقري لخدمة إحياء التراث العربي في المهجر أن يقدم الشكر للقراء والقراء والآباء والأمهات والتربويين العرب الذين يساهمون باستغلال هذه الكتب وتقديمها هدايا لمن يحبون من أصدقاء وأقارب وأحبة .

وبتفصيل الكتب حسب المواضيع وهي موجودة على أمازون ومواقع الموسوعة العربية الأمريكية والدكتور حسن يحيى :

قصص للأطفال للمؤلف:

1. أغاني رياض الأطفال – للأطفال
2. الطفلة المثالية – كتاب أطفال
3. حكايات وأغاني للأطفال20/20
4. سلسلة بلادي العربية – أصل الحضارة (للأطفال)
5. معروف الإسكافي وقصص أخرى من ألف ليلة وليلة
6. قصص أطفال: أبو صير وأبو قير
7. قصص أطفال: عبدالله البري وعبدالله البحري
8. رحلات السندباد البحري في ألف ليلة وليلة
9. حكاية معروف الإسكافي :الحكاية الأخير من 1001 ليلة
10. قصص أطفال: الحصان السحري
11. قصص أطفال على ألسنة الحيوانات
12. الأمير والتنين : قصة للأطفال
13. الأصدقاء الأربعة : قصة للاطفال
14. ست الحبايب أمي : قصة باللغتين للأطفال
15. قصة أصحاب الكهف في التاريخ
16. قصة العنزة الذكية والذئب المفترس : فصة تعايمية للأطفال

قصص قصيرة للدكتور يحيى :

17. ثمان وعشرون قصة قصيرة بالعربية
18. خمس وخمسون قصة قصيرة للأطفال
19. عشر قصص عربية
20. العربية فن : لغير الناطقين بالعربية .
21. زوجة السلطان -مجموعة قصصية
22. زوجات للبيع – قصص ومقالات
23. أفضل القصص :ثلاثون قصة عربية قصيرة
24. فن أدبي جديد قصص قصيرة جدا : 55 كلمة فقط – باللغتين
25. سبعون قصة عربية قصيرة جدا بالعربية
26. عصافير الجنة: قصة إنسانية قصيرة
27. عربي في أمريكا – مجموعة قصصية
28. قصة الغزال الطائر : قصة قصيرة
29. الدليل القاطع: قصة بوليسية قصيرة
30. دهاء امرأة: قصة بوليسية بالعربية

31. كيد الرجال : رواية قصيرة بالعربية
32. لعنة الذكاء : رواية قصيرة بالعربية
33. مادلين أوهارا : قصة قصيرة بالعربية
34. الجريمة الكاملة : قصة قصيرة بالعربية
35. ثمن الثروة : قصة قصيرة بالعربية

كتب أدبية وبلاغية

36. علامات الحب وعشاق الغرام
37. سر من قرأ: للترويح عن النفس
38. محاسن لابسات البراقع من الرأس إلى القدم
39. بديع الكلام في مدح خير الأنام
40. الفؤاد واللسان في الغزل وهوى الخلان
41. لا تلمني .... فالحب أعمى (حول شعر الغزل)
42. الأمثال عند العرب : نثرا وشعرا
43. عشق الفؤاد عند العباد :أشعار غزلية
44. بسمات وآهات العاشقين
45. الغناء والموسيقى في الإسلام
46. قصيدة المتنبي في رثاء جدته
47. صويحبات عمر بن أبي ربيعة
48. اللؤلؤ والمرجان في حدائق الزمان
49. نوادر أشعب وأبودلامة والطفيليين
50. الكرماء والبخلاء
51. لسان العرب في مسارب الأدب (الإنشاء والرسائل)
52. مروج الذهب في الحكمة والأدب عند العرب

مترجمات من الأدب العالمي

53. مسرحية الشرط الثالث –من الأدب العالمي
54. مسرحية اليانصيب: من الأدب العالمي
55. مسرحية الدخيل : من الأدب العالمي
56. مانغاما بائعة اللبن قصة من الهند
57. الإحتلال وقصص أخرى – مترجمة من الإدب العالمي
58. فديتك بروحي : قصة مترجمة من الأدب العالمي

كتب أشعار من الأدب العربي :

59. حسن يحيى : ديوان : كبري عقلك : أغاني للكبار
60. حسن يحيى : ديوان بحر الأماني – شعر
61. حسن يحيى : ديوان القدر – شعر
62. حسن يحيى : ديوان لولاك – شعر
63. ألفين بيت من الشعر العربي
64. مضاربات الشعر العربي والمعلقات –أكثر من 3000 بيت
65. عشرة آلاف بيت من عيون الشعر العربي
66. من عيون الشعر الأندلسي: أشعار عربية
67. ابن زيدون: شاعر الأندلس
68. شعر الوصف في بلاد الأندلس
69. رياحين الموشحات الأندلسية

70. رباعيات الخيام بالعربية

كتب عن الشعراء العشاق :

71. العشاق المجانين: مجنون ليلي
72. العشاق المجانين : ليلى الأخيلية
73. العشاق المجانين: عروة وعفراء

كتب إجتماعية وإدارية:

74. مناهج البحث العلمي في العلوم الاجتماعية
75. أضواء على الفكر الغربي
76. علم الإجتماع التطبيقي
77. نظرية سي القمرية والطبيعة البشرية
78. مقالات في التنمية الإجتماعية
79. أسس الإدارة ونظرياتها
80. الأسرة العربية في مهب الريح
81. قصص إجتماعية : حكايات من أمريكا
82. نظرية المؤامرة والعالم العربي
83. صراع الماء والسكان في الشرق الأوسط والعالم

كتب علم نفس :

84. كتاب في علم النفس: الوعي واللاوعي والسعادة
85. قياسات الذكاء بالعربية
86. حالات علاجية لغير القادرين
87. مقالات في علم النفس
88. الوعي واللاوعي

كتب تربوية تعليمية:

89. مهارات المعلم وإدارة الفصل – جزء أول
90. مهارات المعلم وإدارة الفصل – جزء ثان
91. سلسلة العلم للأطفال: الكواكب التسعة

كتب دينية :

92. باب الإيمان في الصحيحين البخاري ومسلم
93. محمد (ص) رسول البشرية
94. قرآن كريم :تفسير سورة يس باللغتين Tafseer Surat Yasin -
95. قرآن كريم: تفسير الجلالين : سورة البقرة
96. كتاب الطهارة في صحيح مسلم
97. قرآن كريم: تفسير سورة الكهف : شريف سيد قطب
98. تفسير سورة الكهف : يوسف القرضاوي
99. التعاليم الأخلاقية العربية والإسلامية – باللغتين
100. الإسلام ومصالح البشر
101. موجز التاريخ الإسلامي
102. اللهم فاشهد – مقالات فلسفية

مسرحيات مؤلفة ومترجمة :

103. مسرحية : الدخيل، بالعربية مترجمة عن الإنجليزية
104. مسرحية الدخيل، بالصينية مترجمة عن الإنجليزية
105. مسرحية الدخيل بالإسبانية ، مترجمة عن الإنجليزية
106. مسرحيات وقصص / الشرط الثالث

107. مسرحية : الثورة نحن وأنا . بالعربية
108. مسرحية اليانصيب: مترجمة لتشيكوف

سلسلة كتب الفيلسوف ابن رشد (خمسة كتب)

109. ابن رشد وعلم النفس
110. ابن رشد : فصل المقال
111. ابن رشد : كتاب القياس
112. ابن رشد : تلخيص الخطابة
113. ابن رشد : شرح البرهان

سلسلة إحياء التراث العربي :

114. طوق الحمامة (الحب في الأندلس) لابن حزم الأندلسي
115. قصة التوابع والزوابع لابن شهيد الأندلسي
116. حي بن يقظان لإبن طفيل
117. رسالة الغفران لأبي العلاء المعري
118. كتاب كليلة ودمنة لابن المقفع
119. مقامات بديع الزمان الهمذاني الخمسين بالعربية
120. مقامات الحريري الخمسين بالعربية
121. مقامات الزمخشري (47 مقامة)
122. الأغاني للأصفهاني- الجزء الأول
123. الأغاني للأصفهاني – الجزء الثاني
124. الأغاني للأصفهاني – الجزء الثالث
125. الإمتاع والمؤانسة لأبي حيان التوحيدي – الجزء الأول
126. الإمتاع والمؤانسة لأبي حيان التوحيدي – الجزء الثاني
127. فارس الشهباء: عنترة بن شداد العبسي
128. موجز رسائل إخوان الصفا
129. رسائل إخوان الصفا الرياضية التعليمية - 14
130. رسائل إخوان الصفا النفسانية العقلية -10
131. قصص عربية قصيرة من الإدب العربي المعاصر .
132. الغريض في التراث الغنائي العربي
133. شخصيات إسلامية : الخليفة عمر بن عبدالعزيز
134. شخصيات إسلامية : أبو ذر الغفاري
135. موجز رسائل إخوان الصفا
136. رسالة العشق من رسائل إخوان الصفا
137. الأمثال في شعر المتنبي
138. رسالة المقريزي في الكيمياء والفيزياء
139. شاعر النيل حافظ إبراهيم
140. الموسيقى والغناء في التراث العربي الإسلامي – الجزء الأول
141. المغنون الرجال في التراث العربي الإسلامي – الجزء الثاني
142. الجواري والمغنيات في التراث العربي الإسلامي – الجزء الثالث
143. عباقرة الفكر الإسلامي في قرنين

سلسلة شاعرات العرب:

144. شاعرات العرب : فدوى طوقان :شاعرة من فلسطين
145. شاعرات العرب: نازك الملائكة : شاعرة من العراق
146. شاعرات العرب : ولادة بنت المستكفي

147. شاعرات العرب: رابعة العدوية
148. شاعرات العرب : غادة السمان
149. شاعرات العرب: سعاد الصباح
150. شاعرات العرب قي الأندلس

سلسلة شعراء العرب:

151. شعراء العرب : أدونيس
152. شعراء العرب: حافظ إبراهيم
153. شعراء العرب: أبو القاسم الشابي
154. شعراء العرب: امرؤ القيس (الملك الضليل)
155. شعراء العرب : طرفة بن العبد
156. شعراء العرب: بشار بن برد
157. شعراء العرب: المتنبي
158. شعراء العرب : أبو العلاء المعري
159. شعراء العرب : نزار قباني
160. شعراء العرب: عبدالرحمن الأبنودي
161. شعراء العرب: محمود درويش من فلسطين
162. شعراء العرب: زهير بن أبي سلمى
163. شعراء العرب : عبدالوهاب البياتي
164. شعراء العرب : الجواهري
165. أمير الشعراء أحمد شوقي
166. شعراء العرب: أمل دنقل
167. شعراء العرب: محمود سامي البارودي

سلسلة كتب ابن سينا عن القانون في الطب (سبعة كتب)

168. مناهج البحث العلمي غند ابن سينا
169. ابن سينا وعلم النفس
170. خصائص المنهج العلمي عند ابن سينا
171. تأثير ابن سينا في الغرب
172. الأمراض وأسبابها لابن سينا
173. القانون في الطب لابن سينا : موضوع العظام
174. علاج الأوردة والشرايين عند ابن سينا

سلسلة شخصيات إسلامية :

175. شخصيات إسلامية : صلاح الدين الأيوبي
176. شخصيات إسلامية : خالد بن الوليد
177. شخصيات إسلامية: أبو بكر الرازي
178. شخصيات إسلامية: : طارق بن زياد
179. شخصيات إسلامية : محمد الفاتح
180. شخصيات إسلامية : الطبري
181. شخصيات إسلامية : محمد بن القاسم

كتب أدبية عربية :

182. قصص قصيرة من الأدب العربي المعاصر بالعربية
183. نبضات الحب: الضباب السخي: رواية للكاتبة الجزائرية : سمراء العيدي
184. الديك المغرور : قصة للأطفال : سمراء العيدي
185. نسنوسة الأرنوبة : قصة للأطفال : سمراء العيدي

186. ثلاث مسرحيات مصرية: محمد عبدالله ربيعي
187. العريف حسن: ديوان شعر شعبي عن مصر: محمد عبدالله الربيعي
188. هرولة فوق صقيع توليدو : رواية : ماري رشو
189. أوراق حلم: قصص قصيرة : ماري رشو
190. الحب أولا: قصص قصيرة : ماري رشو
191. رجال في الشمس: رواية لغسان كنفاني
192. حرائق امرأة : رواية بالعربية ماري رشو
193. الشبيهة: رواية عربية ماري رشو
194. وفاء عزيز أوغلي: عزف على أوتار قلب : قصص قصيرة
195. هكذا ولدت مريم : رواية لهناء كرم سابا
196. تحت عباءة أبي العلاء : مقالات لنجيب سرور من مصر
197. غادة السمان: كوابيس بيروت – نثر أدبي
198. العجوز والبيدر : قصص قصيرة لعبدالرحمن الأقرع من فلسطين
199. أحلام مستغانمي: عابر سرير : رواية بالعربية
200. أحلام مستغانمي: فوضى الحواس : رواية بالعربية
201. أحلام مستغانمي: الجسد روياة بالعربية
202. طبائع الاستبداد للشيخ عبدالرحمن لكواكبي
203. إثنان وخمسون مقالا لأنيس منصور/1
204. خمسون مقالا لأنيس منصور/ 2
205. مقالات لأنيس منصور/ 3 .
206. صدام حسين : رواية أخرج منها يا ملعون
207. زبيبة والملك: رواية لصدام حسين
208. السأم الباريسي ترجمة أشغار بودلير لمحمد الإحسايني
209. أرض البرتقال الحزين لغسان كنفاني
210. الطوفان الأزرق : رواية من الخيال العلمي : أحمد عبدالسلام البقالي
211. البعد الخامس: رواية من الخيال العلمي: طالب عمران
212. القصيدة الخمرية لابن الفارض (باللغتين)
213. شموع ودموع عن النظرات للمنفلوطي
214. العبرات لمصطفى المنفلوطي
215. موجز البلاغة للشيخ الطاهر بن عاشور
216. رواية الدفلى للأديبة العربية ماري رشو
217. رواية هبة للأديبة العربية : هناء كرم سابا
218. رواية في مهب الريح للأديب الأردني : تيسير دبابنة
219. الهجرة السرية: قصص قصيرة بالعربية : محمد محمد البقاش
220. قصص قصيرة من الأدب العربي المعاصر بالعربية
221. الفراشات والغيلان: رواية عزالدين الجلاوجي
222. الغواصون السبعة : محمد محيي الدين مينو
223. عش الدبابير: رواية: جميل السلحوت من فلسطين
224. نيران : رواية بالعربية – يحيى الصوفي
225. متى تغيب العدالة؟ لعمار حرب
226. طفل من غزة : قصة قصيرة – نعيمي بوشنتوف نورالدين
227. رأس المحنة : 1+1=0 لعز الدين الجلاوجي
228. عطر الحب : قصص قصيرة لهيفاء البيطار

229. أيام العرب : داحس والغبراء
230. أيام العرب: حرب البسوس

سلسلة الأدباء عرب

231. عباس محمود العقاد شاعرا
232. علي محمود طه
233. خليل مطران
234. نزار قباني : ديوان لا

سلسلة قصائد خالدة

235. أبو فراس الحمداني : قصيدة أراك عصي الدمع
236. إبراهيم ناجي وقصيدة الأطلال
237. الأصمعي: قصيدة صوت البلبل ونوادر الأصمعي
238. نزار قباني :قصيدة بلقيس
239. المتنبي : قصيدة واحر قلباه

أما الكتب الانجليزية وعددها يفوق الثمانين كتابا في شتى مجالات الأدب والعلوم والفلسفة ، فهي مفصلة كما يلي

كتب الدكتور يحيى باللغة الإنجليزية:□□□ □r. □□□□□B□□□in □n□i□□□

240. *Hammurabi Codes of Law*
241. *The Dangers of the GMS and Conflict Management: Research Paper, Slideshow & Presentation*
242. *Moon Flowers: Poems, Tales & Politics*
243. *Poetry Diwan: Love, Fears & Hopes*
244. *Crescentology: A Theory Of Conflict Management And Cultural Normalization*
245. *Crescentologism: The Moon Theory*
246. *Brief Arab & Muslim Ethics: For Non-Arabic Speakers*
247. *The Beast In Me America: Arabic Tales, Stories, & Poetry*
248. *Personality & Stress Management: A New Theory*
249. *Arab Palestinian & Jews: Sociological Aproach*
250. *Legal Adultery: Sexuality & World Cultures*
251. *Crescentologism: The Moon Theory*
252. *Islam: Finds Its Way*
253. *30 Tales From Faraway Land: Middle Eastern*
254. *Brief Islamic History (bilingual)*
255. *Jesus Christ Speaks Arabic*
256. *Fan Adabi Jadid* (bilingual)
257. *Protocols of Zion*: Trilingual : Spanish, English & Arabic
258. *Prophets Saga*: from Adam to Muhammad
259. *Al-Akhlaq al-Islamiyyah* (Bilingual)
260. *Quotes: Love & Humor (*Bilingual)
261. *Jesus is Different* the Prophets History
262. 50 Short Stories (55 words)-Bilingual

263. *The Intruder*: Bilingual
264. *Alisha and Other Stories.*
265. *70 Very Short Stories* (English)
266. *Short Stories from World Literature (Bilingual)*
267. *65 stories for Children* 3-12 , (English)
268. *Occupation and Other Stories* from World Literature –English
269. *85 Fables & Tales for Children 3 to 12* (English)
270. *Naji al-Ali Art Show.* A Palestinian Artist *Ann Mary Thatcher*
271. *Princess Imagination:* A New Design Novel (English)
272. *Al-Hariri Assemblies* (Maqamat al-Hariri (English)
273. *Water, Population and Conflict in the Middle East.*
274. *Princess Diana Still Alive, A New Novel Design.*
275. *Nietzsche On Christianity*
276. *Bertrand Russell: Roads to Freedom*
277. *Ernest Hemingway suicide Story*
278. *Brief Management: Theories & Applications.*
279. *I Have the Right to be Angry*
280. *FBI Madness Storm , One Act Play*
281. *Nadia: An Innocent Girl from Cairo, Short Story*
282. *Brain and Mind Psychology*
283. *Banning Islam: Petition of Ignorance*
284. *The Wiseman Spirit Still Dancing:Short Story*
285. *The Old man and the Mower, Short Story*
286. *Al Imam al Bukhari Research Methods*
287. *Secularism: A Response to Sh. Yusuf al Qaradawi*
288. *Family, Leadership & Problem Solving Games*
289. *Knowledge & Globalization*
290. *Islam & Muslims in America: Sociological Analysis*
291. *The Science of Socio-Therapy*
292. *Defending Islam, Banning Islam*
293. *Defeating PTSD* Epidemics
294. *New Theory of the Universe: A Macro Philosophical Approach*
295. *The Concept of Crescentology in Sociology*
296. *The Old Man & the Mower, short Story*
297. *Huda Sha'rawi, An Egyptian Legendary Girl*
298. *Joan of Arc*: The French Legendary Girl
299. *Rosa Park*: African American Legend
300. *Sayf bin Thi Yazan*
301. *Ibn Khaldun in Modern Times*
302. *Research Practice: Doing Research for Beginners & Professionals*
303. *Great Arab and Muslim Thinkers*

304. *Ibn al Farid :The Ode Wine (bilingual)*
305. *Arabs & Columbus: Exploratory Study*
306. *Blasphemy in History*
307. *Khalil Gibran*
308. *Crusades, Terrorism and Islamophobia*
309. *Che Guevara: Irish-Legend*
310. *Great Seven Modern Arab Writers*
311. *Rasa'l Ikhwan al Safa: Omar Farrukh*
312. *Gandhi: Father of India*
313. *Ali bin Abi Talib: The Fourth Caliph*
314. *Wonders of 1001 Nights: The Three Apples Story*
315. *Wonders of 1001 Nights: The Fisherman Story-Soon.*
316. *Wonders of 1001 Nights:The Merchant and the Genie*
317. *Children Imagination: Short Stories from the Middle East*
318. *Nasnoosa: The Rabbit Girl by Algerian woman writer: Samra al Aidi*
319. *God, Was He or She, MOM! Short Story.*
320. *Sittil Habayed Ummi-Qissah lil Atfal Billughatayn.*
321. *Child from GAZA-Short Story-Noureddine B.Naimi*
322. *Jane and Johnny: Love Story*

www.ingramcontent.com/pod-product-compliance
Lightning Source LLC
Chambersburg PA
CBHW071247170526
45165CB00003B/1270